住房城乡建设部土建类学科专业『十三五』规划教材
全国住房和城乡建设职业教育教学指导委员会
建筑与规划类专业指导委员会规划推荐教材

建筑徒手表现技法

（建筑与规划类专业适用）

本教材编审委员会组织编写
王　炼　陈志东　主　编
廖宝松　副主编
吴国雄　主　审

中国建筑工业出版社

图书在版编目（CIP）数据

建筑徒手表现技法 / 王炼，陈志东主编；本教材编审委员会组织编写；廖宝松副主编. —北京：中国建筑工业出版社，2021.9
住房城乡建设部土建类学科专业“十三五”规划教材
全国住房和城乡建设职业教育教学指导委员会建筑与规划类专业指导委员会规划推荐教材. 建筑与规划类专业适用
ISBN 978-7-112-26655-5

Ⅰ.①建… Ⅱ.①王… ②陈… ③本… ④廖… Ⅲ.①建筑画—绘画技法—高等学校—教材 Ⅳ.①TU204.11

中国版本图书馆CIP数据核字（2021）第196818号

本教材主要内容包括：建筑徒手表现概念及其应用，建筑徒手表现基础技法，建筑徒手透视、构图，建筑配景徒手表现，建筑徒手表现流程，建筑徒手综合表现。教材中对建筑徒手表现的各个环节有针对性地进行解读、分析，同时提供了大量手绘作品。

教材内容简明扼要、图文并茂、表现技法多样。对于建筑徒手表现有更全面的认识，可以使阅读者更好地掌握建筑徒手表现的基本技法和学习方法，同时对于认识建筑手绘和提高建筑审美有积极的促进作用。

教材可供高职院校建筑设计、建筑装饰工程技术、风景园林、城乡规划等专业教学使用，也可供从事建筑设计、环境设计等工作的相关人员参考。

为更好地支持本课程的教学，我们向使用本书的教师免费提供教学课件，有需要者请与出版社联系，邮箱：jckj@cabp.com.cn，电话：(010) 58337285，建工书院 http://edu.cabplink.com。

责任编辑：杨　虹　周　觅
责任校对：焦　乐

住房城乡建设部土建类学科专业“十三五”规划教材
全国住房和城乡建设职业教育教学指导委员会建筑与规划类专业指导委员会规划推荐教材
建筑徒手表现技法
（建筑与规划类专业适用）
本教材编审委员会组织编写
王　炼　陈志东　主　编
廖宝松　副主编
吴国雄　主　审
*
中国建筑工业出版社出版、发行（北京海淀三里河路9号）
各地新华书店、建筑书店经销
北京雅盈中佳图文设计公司制版
北京京华铭诚工贸有限公司印刷
*
开本：787毫米 × 1092毫米　1/16　印张：9　字数：169千字
2021年11月第一版　2021年11月第一次印刷
定价：**35.00** 元（赠教师课件）
ISBN 978-7-112-26655-5
（38035）

编审委员会名单

前　言

手绘表现对于建筑设计从业者的作用不言而喻，建筑徒手表现是表达设计构想的重要手段，同时也是提高审美意识的途径。优秀的建筑设计师不仅要具备活跃的空间理性思维，更要具备丰富的创作灵感，而这种最宝贵的感觉是任何先进的电脑软件都不具备的。

建筑徒手表现的主要目的是为建筑设计服务，而不仅仅是纯粹的绘画。基于手绘的重要意义，在大数据时代，社会各行业的信息化程度逐渐加深，传统的手绘表现技法已经难以满足信息化时代的发展，解决信息化背景下建筑徒手快速表现技法研究已经成为设计师、高校建筑专业师生的一个刚性的需求。建筑类专业训练要表达对空间理解的深刻程度和传达思想的流畅性。因此，建筑的快速手绘练习，不仅仅是塑造形体能力的训练，更是抽象的审美能力的训练、思维和沟通的训练以及空间立体思维手绘的训练……基于这样的实际情况和对高校学生学习手绘盲目性的考虑，才有了这本《建筑徒手表现技法》的编写计划。

此次编写的《建筑徒手表现技法》与以往同类的相关教材有一定的不同：一、对建筑手绘表现的理解不同，手绘在当下已经有了新的内涵，徒手快速草图表现设计思维已经成为主流；二、此教材十分完整地讲解了徒手表现的主要工具，教材比较全面地展示了钢笔、签字笔等简洁灵活工具的使用方法和基本技巧，同时配套大量的建筑设计草图和建筑写生徒手表现图。希望本教材的出版，能对建筑与规划类等相关专业的学生在认识手绘表达和学习建筑手绘方面有一定的帮助。这将是作者最大的欣慰。

此次编写的过程中，艺绘坊教育中心廖宝松老师提供了很多精彩示范作品，同时中国建筑工业出版社也给予了大量的帮助和支持，在此一并表示感谢。

由于笔者水平有限，难免有诸多不足之处，请各位专家同仁批评指正，并提出宝贵意见！

王炼

2021年3月　于江苏建筑职业技术学院

目 录

1

第 1 章　建筑徒手表现概念及其应用

1.1 概述

建筑徒手表现在建筑与环境设计领域有重要意义，也有着其特定的表现形式，它已经从被动的模仿开始走向主观性的认识，手绘不仅可以很好地锻炼设计师的观察能力，培养很好的尺度感，更能增强对设计实践的控制能力。建筑手绘要画得准确、画得漂亮，更要表达对空间理解的深刻程度和流畅传达设计思想。可以说，相对于造型艺术，建筑与环境艺术设计的快速表现练习，不仅是塑造形体能力的训练，更是抽象的审美能力的训练、思维和沟通的训练……它对建筑设计和环境艺术等领域有着不言而喻的重要性。徒手表达作为一种视觉艺术，当眼睛观察到对象，视觉的图像便会迅速连接心灵，那种转瞬即逝的感觉，即为一个人最初、最原始的感受，这便是整个设计当中的灵魂（图 1–1）。

二维码 1–1　概述

建筑手绘表达，就是用较快的速度来描绘建筑、空间和环境，速度是关键，描绘是目的。它不仅是速度上的快捷，更要求我们有敏锐的观察能力和整体捕捉对象的能力，需要眼、手、脑和心的并用，通过对对象的观察、分析和提炼，最后丰富和完成画面。只有通过这样的练习，通过眼、手、脑和心的并用，才能加深对物体的感性理解和记忆，提高我们敏锐的艺术感受能力和面对复杂问题随机应变的驾驭能力。建筑手绘表达是绘画的一种表现形式，一幅优秀的建筑速写看起来用笔寥寥，其实在这之中需要经过大量的练习、摸索和提炼才能达到熟练的程度。事实证明，速写好的人，做设计时更容易做到大脑和手、眼的灵活配合。

设计师和画家都必须培养高水平的审美情趣。历史上诸多著名的画家也同样是优秀的设计师，如文艺复兴时期的达·芬奇、米开朗琪罗、拉斐尔，达·芬奇作为艺术大师的同时，更是出色的设计师和工程师；米开朗琪罗和拉斐尔在

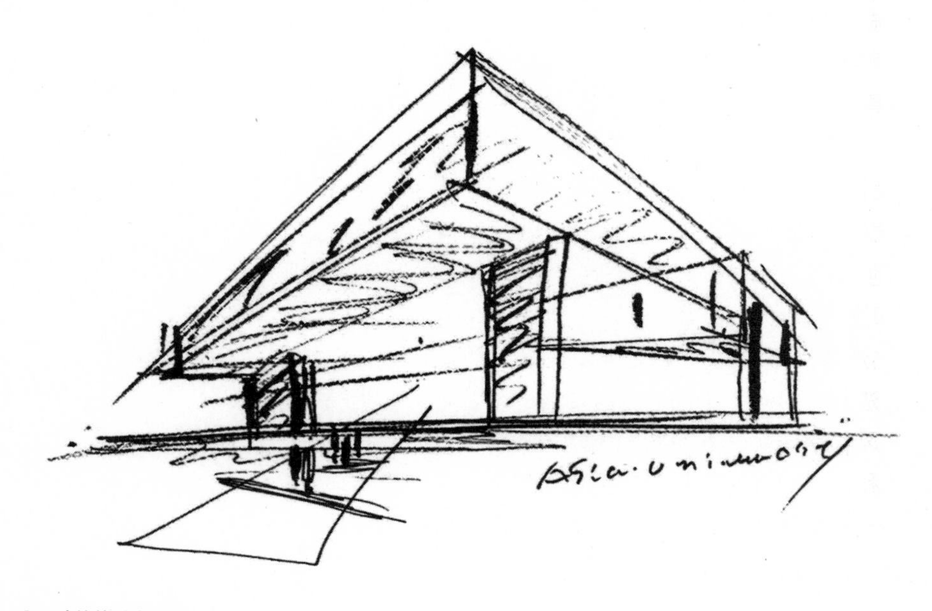

图 1–1　安藤忠雄建筑草图

图 1–2 弗兰克 · 盖里建筑草图

从事绘画活动的同时，也参与建筑设计，米开朗琪罗的圣彼得大教堂，至今仍光彩夺目。包豪斯设计学院的建立，使得绘画与设计有了更为密切的联系，画家以基础课教师的身份主持包豪斯设计学院的基础绘画教学，培养了一大批世界著名的设计师，也奠定了设计教育体系的基础。直到今天，国内外设计学院的教学体系中，都是以绘画作为设计的基础教学来展开的，旨在培养学生的造型、审美、色彩等能力（图 1–2）。

随着时代的快速发展和科技的进步，计算机的应用给设计带来历史性的变革。计算机绘图已经成为设计不可或缺的手段，3Dmax、SketchUp（草图大师）等各种绘图软件占据着重要的地位，规范性、准确性、真实性尤其是便于修改奠定了计算机绘图的基础地位，成为设计手段的主流。很多设计师和学生认为，只要掌握了计算机绘图就掌握了设计的全部，建筑手绘这种表现形式将被那些先进的计算机软件所替代。其实不然，虽然计算机已经普遍运用到建筑环境设计领域，并充分展示出优越性，但这些计算机软件都是人操作的机械行为，是设计者大脑中主观意识形态的反映。优秀的设计师要具备艺术思维能力和创作灵感，而这种最珍贵的感觉是任何先进的计算机软件所不具备的，也不可能被某种流行的现代科技所取代。设计的最终目标是什么？这是值得我们思考的问题，当我们翻阅一些大师的作品时，同样会发现设计徒手表现的重要性，勒·柯布西耶、约翰·伍重、安藤忠雄、扎哈 · 哈迪德等大师（图 1–3），一支笔，一张纸，伟大的设计作品，都在此中诞生。他们的徒手画稿告诉我们：原创性的设计应是思维的自然流淌，应是转瞬即逝思维的捕捉。

建筑创造是一种文化活动，建筑徒手表达可以提升设计师的综合素质和审美修养，它没有固定的法则和趋向，不同的人面对同一对象都会有不同的感受，画面在构思、经营、风格等方面都有很大的区别，不同的人创作出来的作品往往是个人修养、情感和内心的真实感受，当然也有某种特定时期和情绪的变化，从画面开始到结束一直都是自己不断调整画面、调整自我和完善自我的过程。

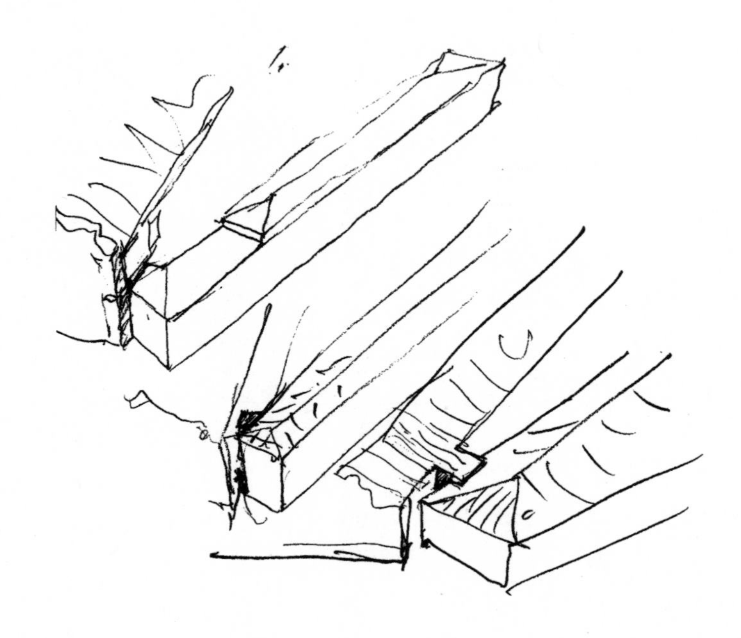

图 1–3　西扎建筑草图

1.2　建筑结构造型的“Concept”诠释

在设计本身、学习设计以及指导设计方面有许多有效的技巧、范例、语汇、程序，都是为了同一个目标而存在的，即为了寻求思维的多样性、建筑造型的灵活性和建筑结构的严谨性。这些方法都是提高效率的催化剂，加深我们对于建筑设计等活动的了解，帮助我们整理和表达设计构思。Concept 是一种原始的、概括性的想法。主要包括以下几个方面：

二维码 1–2　建筑结构造型的“Concept”诠释

（1）一种建筑尚待逐渐扩张和发展成细节的原始概念。

（2）一种内涵错综复杂的思维原始构架。

（3）在分析设计问题之后产生的对于建筑造型的一种认知。

（4）来源于建筑设计条件的心灵意念。

（5）一种由设计需求转变成建筑解答的策略分析。

（6）进行建筑设计的初步策略。

（7）是发展主要设计要点的初步法则。

（8）设计者对建筑设计各个阶段的不断丰富推敲。

传统上，建筑的 Concept 是设计者对于 Program 中设计条件的回应。Concept 在这时候是扮演将抽象问题陈述出来，进而发展为具体建筑的工具。Concept 存在于每一个设计中，或在设计条件中，或在设计者对问题的认知中，也许会被称为“基本组织”“中心课题”“关键点”或是“问题本质”。设计者必须对这些“基本组织”和“问题本质”加以回应，进而发展出 Concept 并加以建筑化的处理。

Concept 可为设计程序及成果界定出发展方向，并可以在设计过程的任何阶段发生，以任何的尺度出现，更可有若干来源，具有层次组织的特性以及内在本质上的问题。同时在任何一个单一的建筑物或者建筑表达过程中可能有数个不同的 Concept。

作为建筑设计师，我们可以获知设计条件，这些条件来自计划书的撰写者（Programmer）或是业主，而为满足这些需求，需要一栋或一群建筑。通常，我们认为建筑设计是由一个或若干个 Concept 组成的，从学校或职业界都可以获得证明。竞标中要求有 Concept 的说明；学生在评图中对于自己的设计作品的说明通常是这样开始的："这个设计的 Concept 是……"，虽然在设计作品之初，总会有一个问题的针对方向，譬如："这是一个功能的问题"或"这是一个环境的问题"。事实上，任何一个建筑设计，都是由许多的 Concept 所组成的，即使是小型规模的设计也包含了多样复杂的特性，而单一的 Concept 绝对不可能去处理所有的问题（图 1—4、图 1—5）。

图 1—4　建筑造型赏析

图 1—5　现代建筑手绘线稿

在建筑设计及教育中，去获得有关形成设计（Concept Formation）的知识是十分必要的，但却很少被倡导。由于它缺乏一个完整的方法，因此，我们只能从设计项目研究的过程中一点一滴的积累，在建筑徒手表现中寻求与建筑 Concept 之间的内涵关系。

1.3 建筑徒手表现的结构

二维码 1–3 建筑徒手表现的结构

■ 视觉结构

建筑徒手表现的过程，锻炼了设计师认识世界的能力。长期从影像的角度观察世界，纷乱嘈杂的世界会变得结构清晰。绘画的过程，是有层次的、递进的认知过程：从构图开始入手，先是轮廓，然后考虑更细层次的结构关系，最后会涉及景物的细部。这样的递进关系，是普遍的认识法则，对观察场地很有帮助。长时间的练习之后，面对复杂的户外环境，首先通过眼睛进入大脑的，不再是车、马、人、树这些孤立的概念，而是具有清晰绘画结构的影像信息。这样的练习，对在设计中能迅速把握场地要素、发掘场地里各种有用信息很有帮助。

户外环境的相互关系，比室内案几上的静物要复杂，如何用简单的线条来表达，需要思考，不是简单地针对绘画的速度而言；而是通过简、繁的处理，抓住对象的基本特征来实现。短时间的草图徒手表达，锻炼了设计者迅速抓环境要素的基本能力。初学速写，很难把握速写的灵活性，不能区分短期练习与长期练习，会花很长时间，经常进行面面俱到的描绘，把画面处理得很复杂。对于设计者，速写过程中大量的简化过程，锻炼了从复杂的环境里寻找设计要素的能力。简洁的速写比复杂的照片更加能反映场地的基本特征（图 1–6）。

■ 尺度

对于设计师而言，户外写生能帮助他们获得准确的尺度感。同样的尺寸，在户外与户内会有不同的尺度。在不同的环境下，相同的尺寸、相似的形态会带给使用者截然不同的感受。很多看似简单的问题，需要大量的户外经验作支

图 1–6 建筑环境设计手绘草图

持。户外速写的经历，能积累大量有用的经验与信息。

图像，对于设计师而言，是表达的，同时也是思考的工具。徒手速写练习，帮助我们积累迅速认知环境的经验，使得在设计过程中，对场地可以迅速地作出反应：找到场地中的重要节点，挖掘到场地的本质特征。在今后的设计生涯中，还能帮助我们迅速地将这些判断记录并表达出来（图 1–7）。

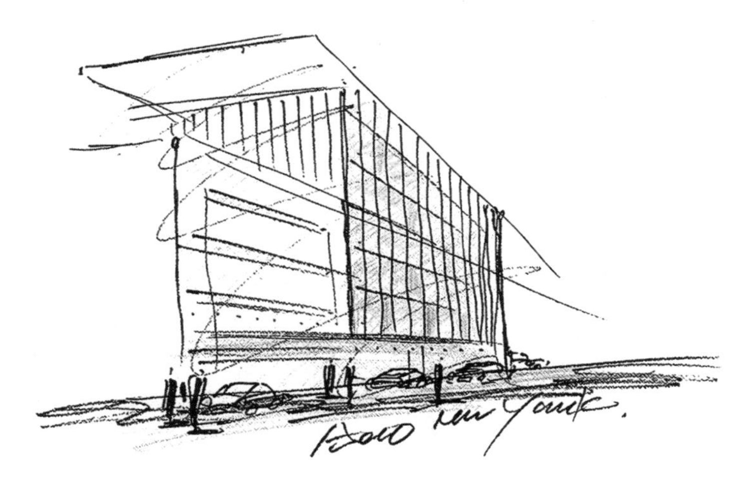

图 1–7 安藤忠雄建筑手绘草图

■ 材质

黄宾虹论画，主张："学画者师今人不若师古人，师古人不若师造化。师今人者，食叶之时代；师古人者，化蛹之时代；师造化者，由三眠三起成蛾飞去之时代也。"作为设计师，不能放弃与环境面对面的交流。户外的写生，直接面对景物，可以加深对很多问题的理解。很多问题，缺乏亲身的体验，就无法获得真实的感受，就不能将感受带到设计中去。形体的推敲，尚可以用模型来分析；但材料的认识，必须依靠现场的认知（图 1–8）。

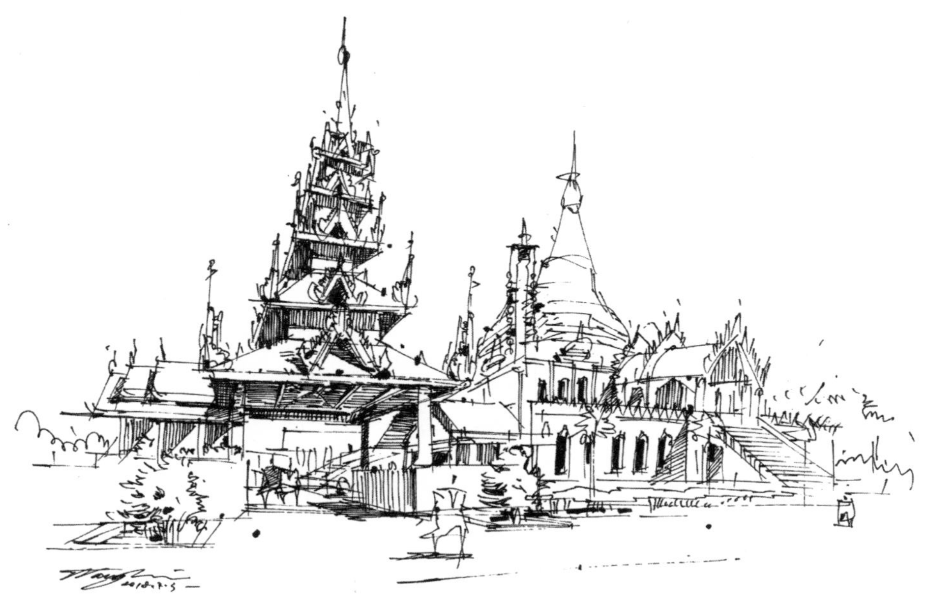

图 1–8 尼泊尔建筑徒手表现

钢笔速写，不可能像钢笔画那样细腻，材料的表达通常借助一些“抽象符号”。单纯的钢笔画，若不借助色彩的帮助，表现质感具有一定的挑战。尽管不能像其他画种那样细腻地描摹对象，钢笔画的写生练习对于材料的认识仍然很有帮助。不能写实地描绘材料真实的色彩，只能借助线条与笔触来模拟，更能思考形态与材料的本质关系。在建筑画中，最基本的材料是大面积的玻璃、石材、木材以及清水混凝土墙。掌握最基本的材料的表现技法，在此基础上寻求变化，材料的质感仍然可以被表达得很丰富。不同的材料，有不同的抽象要点。

材质的表现应表达出深刻性，主要应该注意材料的特性，例如玻璃的表现，应画出透明光滑的质感。玻璃有很多种类，透明度也有不同。把握好透明与反射的对比关系，是表现玻璃质感的关键。通常情况下，反射区域不去做太多的表现，留白即可；透明的区域要画出环境的景物、人物、植物等。不需要顾及具体的形体，关键是留下较深的笔触，与反射区的留白形成对比（图 1–9）。

图 1–9　民族建筑徒手表现

1.4　建筑徒手表现的学习方法

二维码 1–4　建筑徒手表现的学习方法

对于建筑师来说，手绘是表达设计构想的一种手段，是一种提高审美意识的途径，但非最终目的。建筑师创作的主要对象是建筑设计，而不是绘画。

建筑手绘草图表现是把建筑和景观等空间对象尽可能如实地展现在画面当中。尽管一般绘画有太多的风格和流派，有的甚至是一种经过太多个人情绪渲染的令人难以理解的抽象画，但是建筑绘画却是尽可能地倾向于写实，在人的第一印象里就是要为大众所理解和接受，在画面的处理中可以稍加艺术处理，比如夸张、虚实等，在绘画中讲究形神兼备的同时，尽可能地突出形似。

对于初学者来说，利用正确的方法，用心反复的临摹练习是最有效、最容易掌握的方法。临摹不是一味地抄袭，而是要学习优秀的表现技巧和审美观念。很多优秀的画家和设计师也经常进行临摹练习。在掌握一定的技法、步骤、审美之后，就可以发挥自己的主观思维了（图 1–10）。

图 1–10　现代建筑空间徒手表现

建筑徒手表现的学习方法有以下几点。

（1）了解材料和工具。掌握钢笔、针管笔、美工笔以及纸张的各种特性，能区分每一种材料和工具的性能，从尺寸到规格，从点到线，从线到面，从陌生到熟练，都是一个基本的过程。掌握好基本的材料和工具的性能后，就可以进行专项的学习和训练了。

（2）由浅入深，从整体到局部，有计划、有步骤、有目的地临摹学习。意在笔先，在画之前，对临摹的对象有整体的认识，看到重点、虚实、线条、色彩关系、空间等要素，之后便可动笔。动笔尽可能不用描红，不用铅笔起稿，直接用钢笔开始作画，这样不仅锻炼作画的技法和技巧，更锻炼临摹者整体运作画面的能力。临摹的对象可以广泛，刚开始从树木、人物、花草、汽车等单体开始，之后逐步深入充实画面，一直到较为整体和完整的建筑绘画作品。在临摹中一定要注意对象的准确性和用笔的灵活性，以提高迅速记录和表达对象的能力。

（3）循序渐进地开展建筑写生。建筑环境写生是快速掌握建筑形体和建筑结构的重要的方法，历来建筑师、画家为了提高建筑绘画能力都会进行写生。写生摆脱了室内空间的束缚，在室外三维的空间中，可以更好地观察建筑体态，可以根据真实的空间环境进行绘制。建筑写生必须在掌握初步技法和技巧之后进行。徒手写生可以多画小稿。准备一个小的便签本，或者小的速写本。画面中没有生动的细节，寥寥几笔，这样就锻炼了作画者的整体意识和宏观控制能力，效果极佳（图 1–11）。

（4）反思手绘作品。从作品中发现问题，并找到解决问题的方法。有目的地去临摹经典的范例，一般可通过临摹——写生——临摹——写生……也就是发现问题、解决问题的方法，最终巩固提升自身的手绘表现技巧和整体手绘水平。

图 1—11　千户苗寨建筑写生

(5) 发现建筑徒手表现的技法规律，建立手绘艺术的认识论和方法论，并在以后的艺术实践中不断地丰富和完善自己，形成自身最终的徒手表现语言（图 1—12）。

图 1—12　景观方案手绘草图

建筑徒手表现主要为徒手线稿表现部分。从点到线，从线到面，从面到体，从体积再到空间，这是空间形成的过程。不管是面还是体积都是从线条开始的，线条是建筑手绘最基本的要素，如何运用线条来表现客观事物显得尤为关键，具有重要的意义。

因此，在整个建筑徒手表现过程中，要大胆地运用线条来表现景观空间、表达对象，体现不同线条表现空间的感觉，升华自我感受。充分运用线条的轻重、长短、疏密、节奏、组合等综合把握整个画面的艺术效果，加强线条的灵活性和生动性，增强艺术表现力（图 1—13）。

图 1–13　景观建筑徒手表现线稿

在进行建筑徒手表现的时候，为了保证准确，首先就是所画的轮廓符合透视原理，这不是要求我们对待每一个轮廓或者细节都必须严格遵循透视的原理，因为这样太烦琐，至于细节，多半是凭着经验和感觉来判断就可以完成。另外，不要拼命地练习所谓的建筑外延的过分真实效果，不要对材质等进行太真实的描绘，还有画面的投影反光、颜色渐变塑造等，这样往往消耗更长的时间，且效率很低。建筑手绘更要注重设计中手绘表现的实际目的，而非苦苦纠结高超的艺术绘画技法。不正确的认识可能导致花费大量的时间训练，却没有实际意义。因此，现在面对复杂的建筑设计训练和大量的方案作业，还是应该要求快速而简洁的手绘表现形式，体现建筑特征和空间结构，突出设计思维，营造建筑整体画面。

课后思考：

1. 通过本章节学习，简要描述对建筑徒手表现的理解。

2. 通过参考书、网络等平台搜集整理著名建筑师的手稿作品，并做好学习笔记。

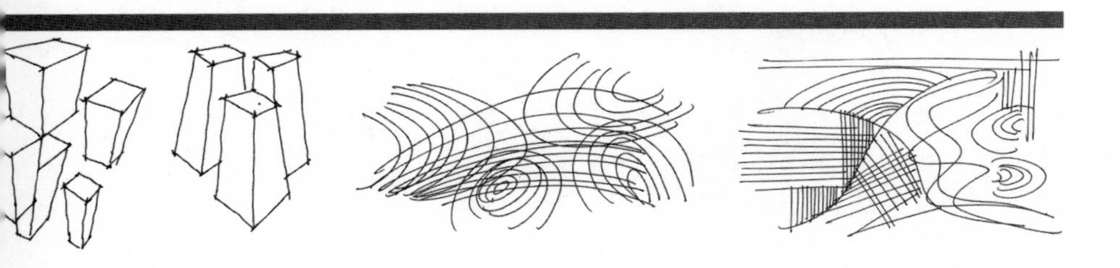

2

第 2 章　建筑徒手表现基础技法

建筑徒手表现的基础技法包括徒手工具的认识、徒手线条的表现、简单透视技法、画面构图技法和学习徒手表现的方法等。对于初学者来说，掌握徒手表现的基础技法对于加深对徒手表现的认识、快速掌握徒手表现技巧有重要的作用。

二维码 2–1　常见手绘表现工具

2.1　常见手绘表现工具

2.1.1　笔

笔，是人类的一项伟大发明，是供书写或绘画用的工具。笔多通过笔尖将带有颜色的固体或液体（墨水）在纸上或其他固体表面绘制文字、符号或图画。在建筑手绘表现里，经常使用的笔包括中性笔、针管笔、美工笔等。

（1）中性笔

中性笔又称水笔，是一种使用滚珠原理的笔，笔芯内装水性或胶状墨水，与内装油性墨水的圆珠笔大不相同，书写介质的黏度介于水性和油性之间。中性笔起源于日本，是国际上流行的一种新颖的书写工具。中性笔兼具自来水笔和圆珠笔的优点，书写手感舒适，油墨黏度较低，并增加容易润滑的物质，因而比普通油性圆珠笔更加顺滑，是油性圆珠笔的升级换代产品。它造价低廉，携带方便，笔芯粗细规格多样，线条流畅。目前，中性笔是建筑徒手表现中最常见的绘画工具（图 2–1）。

（2）针管笔

针管笔是绘制图纸的基本工具之一，能绘制出均匀一致的线条。笔身是钢笔状，笔头是长约 2cm 中空钢制圆环，里面藏着一条活动细钢针，上下摆动针管笔，能及时清除堵塞笔头的纸纤维。

针管笔的针管管径的大小决定所绘线条的宽窄。针管笔有不同粗细，其针管管径有从 0.1~1.0mm 的各种不同规格，在设计制图中至少应备有细、中、粗三种不同粗细的针管笔。但是，在手绘表现中一般没有要求，使用方便、得心应手即可，一般用 0.5mm 即可（图 2–2）。

（3）美工笔

美工笔是借助笔头倾斜度制造粗细线条效果的特制钢笔，被广泛应用于美术绘图、硬笔书法等领域，是艺术创作时的热门工具，非常实用。

图 2–1　黑色水笔（左）
图 2–2　一次性针管笔（右）

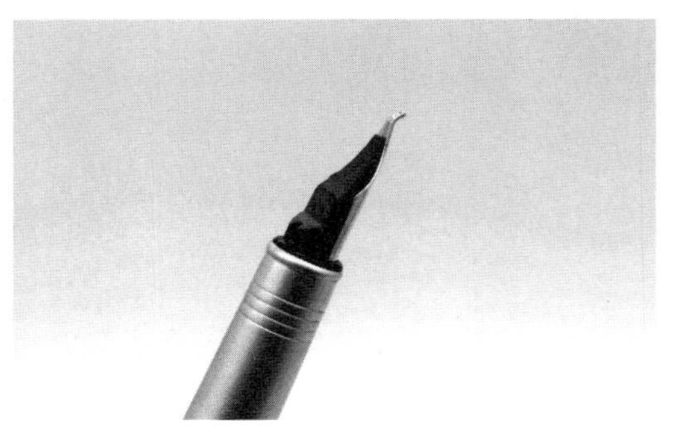

图 2–3 美工笔（一）（左）
图 2–4 美工笔（二）（右）

艺术美工笔有一般用法，又有特殊用法。使用时，把笔尖立起来用，画出的线条细密；把笔尖卧下来用，画出的线条则宽厚（图 2–3、图 2–4）。这是任何一支一般钢笔所没有的功能！

用它书写、描绘出的文字或图案，色泽可以保持得比一般钢笔更为持久。那是因为一般钢笔与艺术美工笔所使用的墨水是不同的，艺术美工笔所用的，是一般钢笔大多不使用的碳素墨水。使用艺术美工笔，不仅可写可画，而且还能让人在使用的同时，得到艺术的享受和熏陶。

2.1.2 纸

纸是用植物纤维制成的薄片，用于写画、印刷书报、包装等。纸张一般分为：凸版印刷纸、新闻纸、胶版印刷纸、铜版纸、书皮纸、字典纸、拷贝纸、板纸等。

建筑徒手表现常见的纸张有：

（1）素描纸

素描纸厚度中等，介于打印纸与牛皮纸之间，两个面一面较为粗糙，一面较为平滑，适于铅笔与炭笔着色，初学通常使用 8 开大小，熟练后使用 4 开，由小到大，层层推进。素描纸是常见的手绘用纸之一（图 2–5）。

（2）打印纸

打印纸是指打印文件以及复印文件所用的一种纸张。具有规格整齐、造价低廉、纸面光滑、携带方便等优点。在手绘中也是经常使用的纸张，不论是线条的表现，还是彩色铅笔和马克笔上色表现，打印纸都可以作为载体来完成，且效果不错。规格有 A0、A1、A2、B1、B2、A4、A5 等（图 2–6）。

图 2–5 素描纸（左）
图 2–6 打印纸（右）

（3）其他纸

在景观手绘里，还会用到以下纸张，比如水彩纸、硫酸纸、有色纸等。水彩纸是上色的最佳用纸，水彩纸有粗、中、细纹理，一般采用细纹理。水彩纸成本较高，一般在手绘里使用的普及率较低。硫酸纸是一种专业用于工程描图及晒版使用的半透明表面设有涂层的纸，在手绘方案图时常常使用。有色纸是在普通白纸的基础上施加其他颜色的一种纸张，在建筑手绘效果图中常常会产生特殊的效果，但是，一般情况使用较少，学生基本了解即可（图 2–7）。

图 2–7　硫酸纸

课后练习：

1. 了解各种徒手表现工具的特性。
2. 常见快速表现的纸张有哪些特点？它们的质感有何不同？

2.2　建筑徒手线条练习

二维码 2–2　建筑徒手线条练习

用线来概括表现对象是一种简洁、高明的方法。线条是建筑手绘徒手表现的开始，也是表现技法中重要的一种表达方式。画线条最重要的是要学会放松自己的状态和情绪，对于设计手绘中的线条，不要把它想得有多难，不要认为笔直的线条才是最好的，在徒手表现里更应该表现“相对”的直线。应该转换对线条的认识，因为在手绘里越是轻松舒缓的灵活线条，越具备丰富的张力和表现力（图 2–8）。

握笔的时候尽量靠近笔的中部位置，笔和纸面成斜角，不要垂直，这样视线开阔，便于灵活运用线条。在运笔的过程中，出线要果断、肯定，手放轻松，心态平稳、呼吸均匀，手笔同步运行，这样才能画出趋向性明确的线条。

- **短线**（图 2–9）
- **长线与弧线**（图 2–10）
- **随意线条**（图 2–11）
- **粗线、细线、直线、弧线**（图 2–12）

图 2–8　环境手绘徒手表现

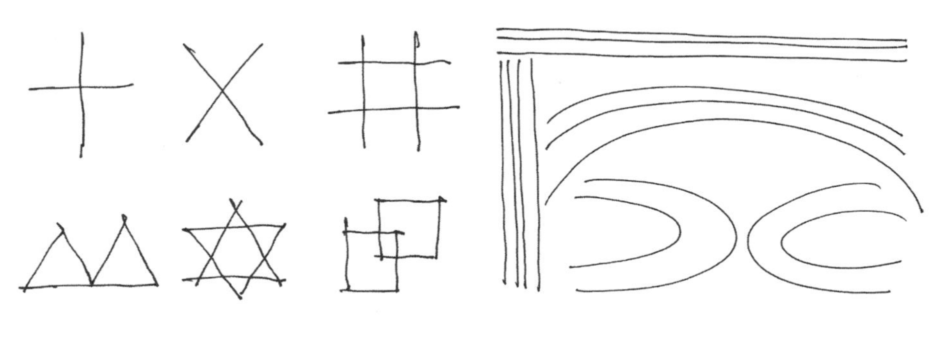

图 2–9　短线（左）
图 2–10　长线与弧线（右）

图 2–11　随意线条

图 2–12　粗线、细线、直线、弧线

2.3　线的排列与组织

二维码 2–3　线的排到与组织

由点到线，由线到面，由面到体，由体到空间，这是手绘表现的自然规律和法则。单独的一根线条是一切的基础，线条的排列和组织构成画面中的大千世界。因此，线条的排列和组织在训练中占据尤为关键的地位。

■ **直线排列**（图 2–13）

■ **弧线排列**（图 2–14）

■ **长线排列**（图 2–15）

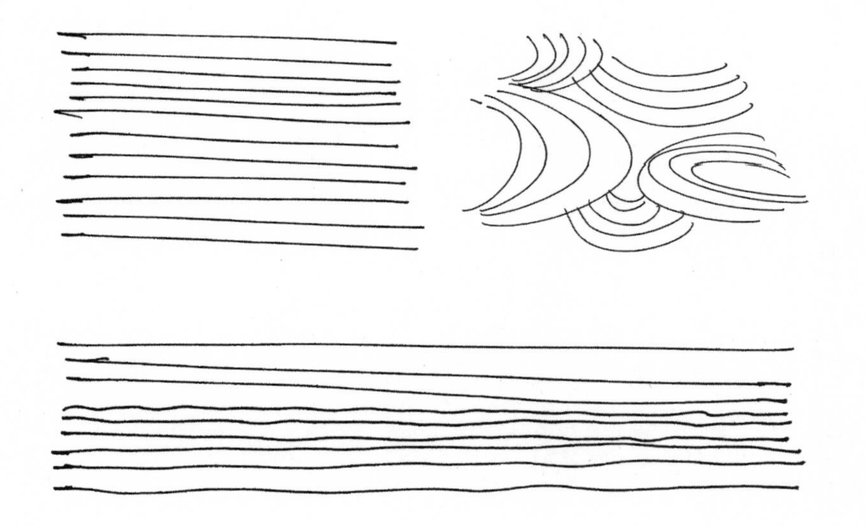

图 2–13　直线排列（左）
图 2–14　弧线排列（右）

图 2–15　长线排列

■ **短线排列**（图 2–16）

■ **粗细排列**（图 2–17）

图 2–16　短线排列

图 2–17　粗细排列

■ **横竖线交叉**（图 2–18）

■ **斜线重叠**（图 2–19）

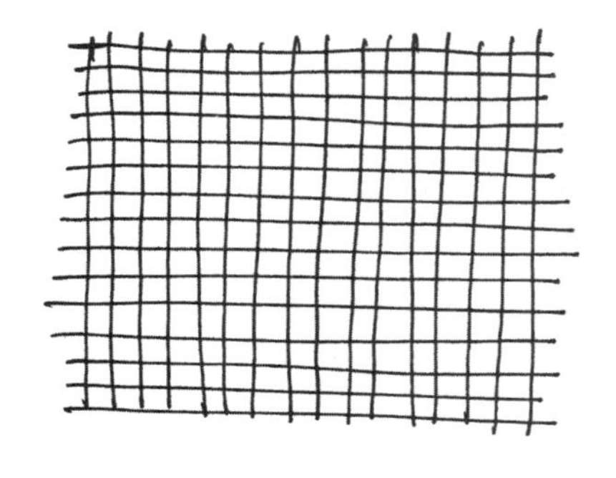

图 2–18　横竖线交叉（左）

图 2–19　斜线重叠（右）

■ **竖线重叠**（图 2–20）

■ **横线重叠**（图 2–21）

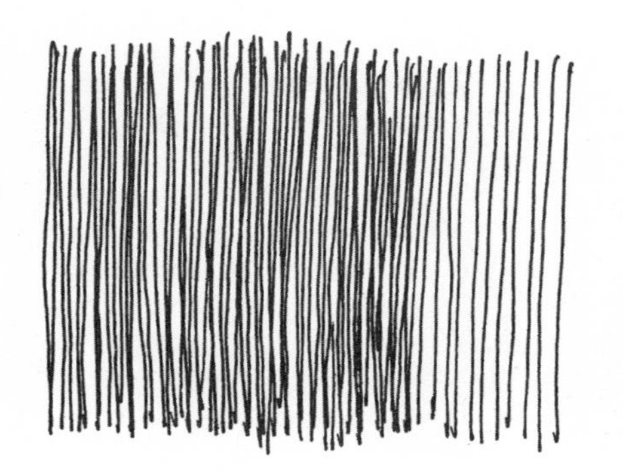

图 2–20　竖线重叠(左)
图 2–21　横线重叠(右)

■ **曲线重叠**（图 2–22）

■ **综合排列**（图 2–23）

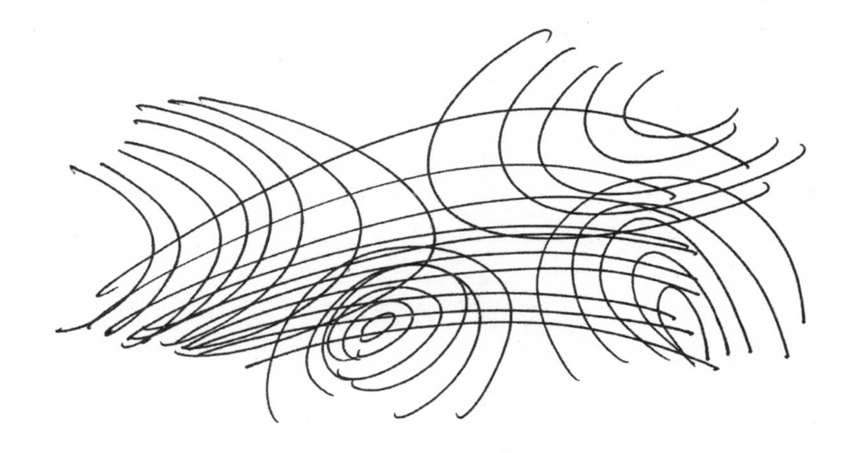

图 2–22　曲线重叠

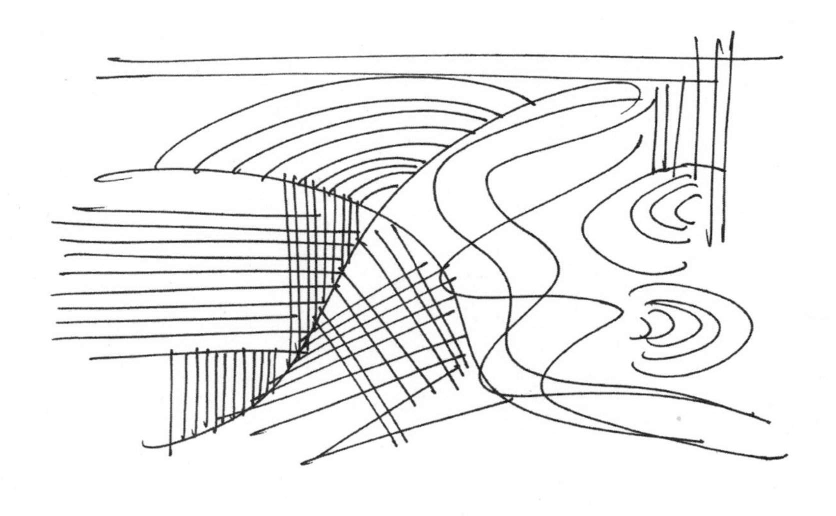

图 2–23　综合排列

■ **“米”字形排列**（图 2–24）

■ **“口”字形排列**（图 2–25）

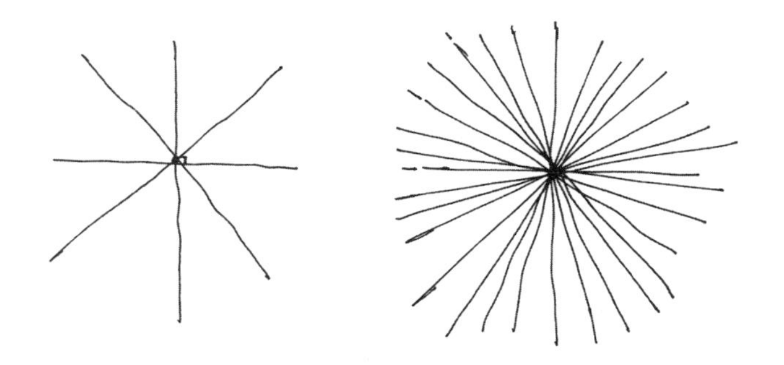

图 2–24 “米”字形排列

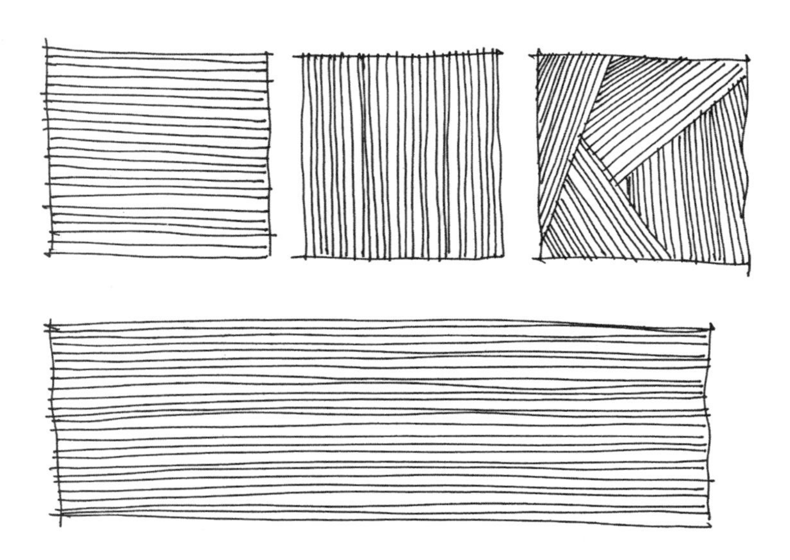

图 2–25 “口”字形排列

■ **定点连线**（图 2–26）

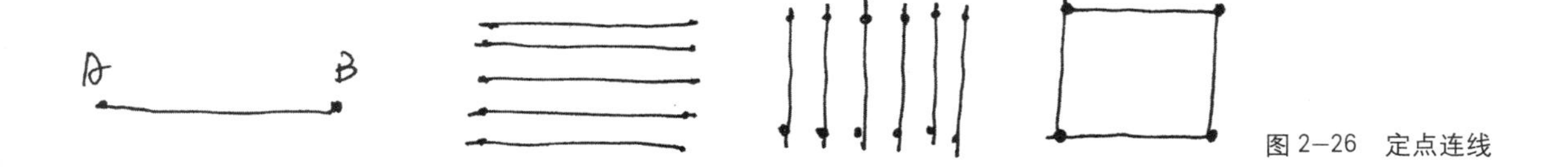

图 2–26 定点连线

■ **自由线条**（图 2–27）

■ **椭圆线条**（图 2–28）

■ **正圆线条**（图 2–29）

■ **弧线线条**（图 2–30）

课后练习：

1. 直线和弧线绘制的要点有什么不同？
2. 在线条的表现里如何使用手腕和手指？
3. 将本节的各类线条进行临摹绘制。

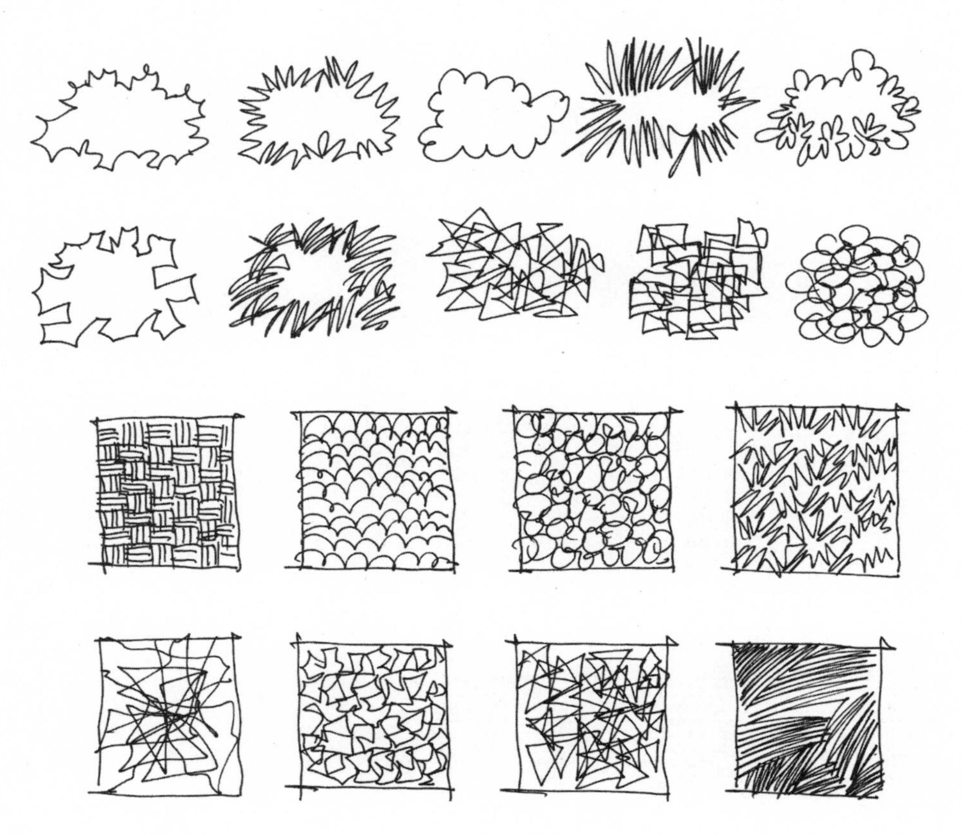

图 2–27　自由线条

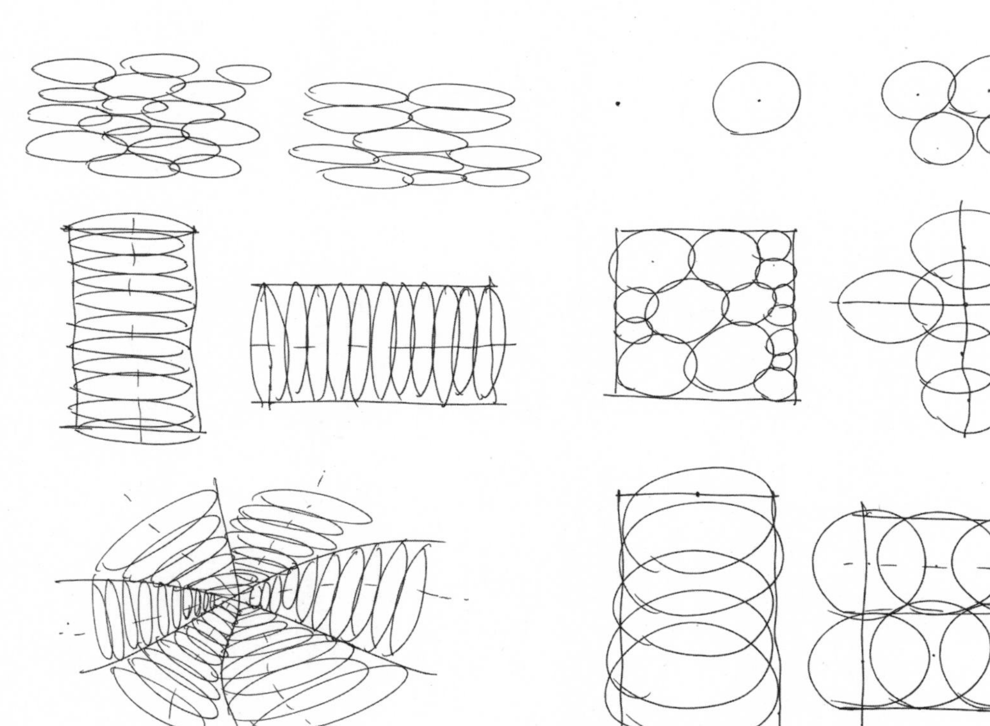

图 2–28　椭圆线条

图 2–29　正圆线条

图 2–30　弧线线条

2.4　线条的运用

二维码 2–4　线条的运用

建筑手绘的线条表现图是以线条来表述建筑对象的艺术语言。形态语言、视觉语言，同会话语言一样，同样有自己的语法。线条有长短、粗细、动静、方向等空间特性。就线条本身而言，有直曲之分。直线又有水平、垂直、斜向等线段；曲线有几何曲线和自由曲线。在视觉心理上，直线具有锐利、豪爽、厚重、运动、速度、持续、刺激、明快、整齐、自由舒展等特性。曲线则显得柔软、丰满、优雅、间接、迂回、轻快、奔放、热情、跳跃、含蓄。斜线具有不安定感，但方向性强，具有动感，易产生紧张的画面气氛。这些看似单一、平凡的“符号”，若能得心应手地运用，便能促使建筑师在设计思维进程中有更为广阔的天地。

2.4.1　紧线及紧线运用

紧线在建筑风景速写中是最常用的线条，它可以表达建筑物结实、刚劲等特性，同时在表达方直的物体时可以非常好地体现出物体的形体和质感（图 2–31）。

2.4.2　缓线及缓线运用

缓线运笔较慢，略有停顿，用笔也稍轻，和紧线形成较强烈的对比，在建筑风景中，缓线一般在画大的建筑轮廓、木材纹理、树枝等体量较轻的物体时用得较多（图 2–32）。

2.4.3　颠线及颠线运用

颠线，即为颠簸的线条，在表现云彩、水面、树木和一些不平整的地面等高低不平的对象时有较好的表现力（图 2–33）。

2.4.4　线的粗细变化及运用

线的粗细变化在具体写生中起着非常重要的作用，不仅仅是丰富画面，避免呆板，更重要的是可以通过线的粗细变化描绘出建筑风景的层次和质感（图 2–34）。

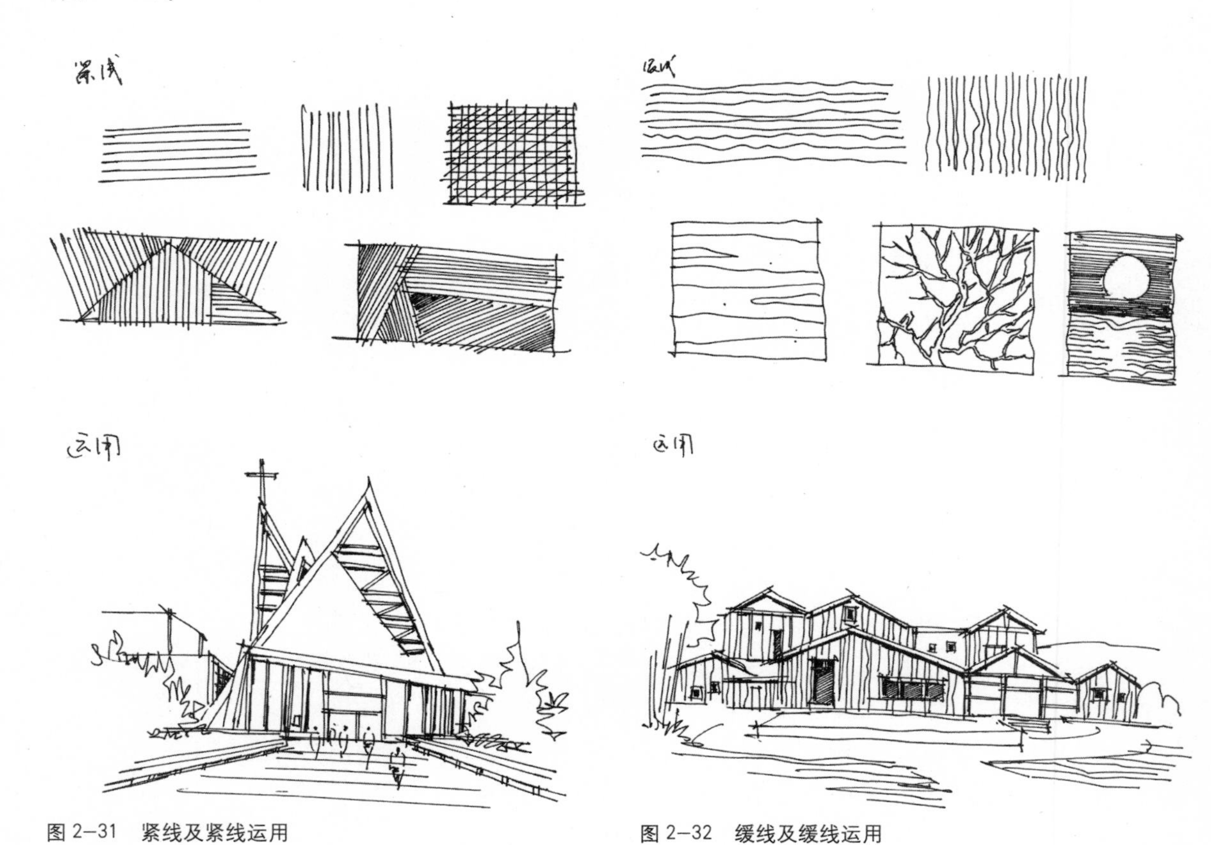

图 2–31　紧线及紧线运用　　图 2–32　缓线及缓线运用

图 2–33　颤线及颤线运用

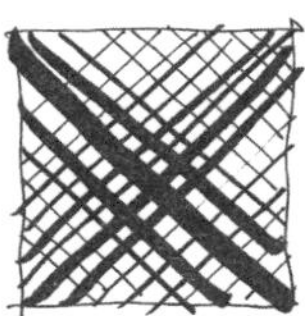

图 2–34　线的粗细变化及运用

2.4.5　随意的线及运用

随意的线一般在建筑表现中应用较少，在配景中应用较多。随意的线和严谨的线形成了对比，丰富画面，也增加了画面的情趣（图 2–35、图 2–36）。

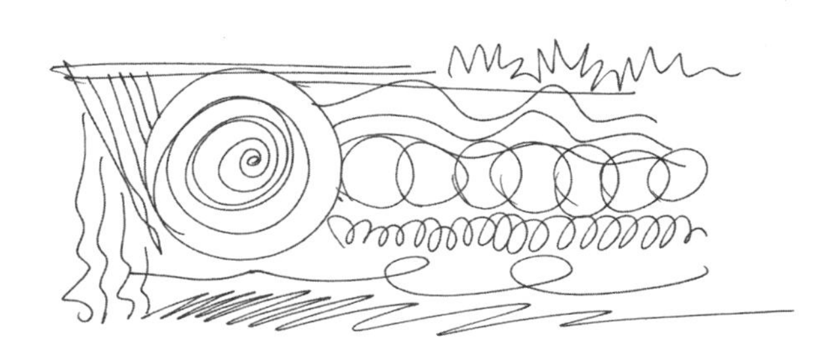

图 2–35　随意的线

图 2—36　随意线的运用

课后练习：

1. 认真仔细练习本节图例作品。
2. 尝试用不同类型的线条来完成同一个建筑单体。

3

第 3 章　建筑徒手透视、构图

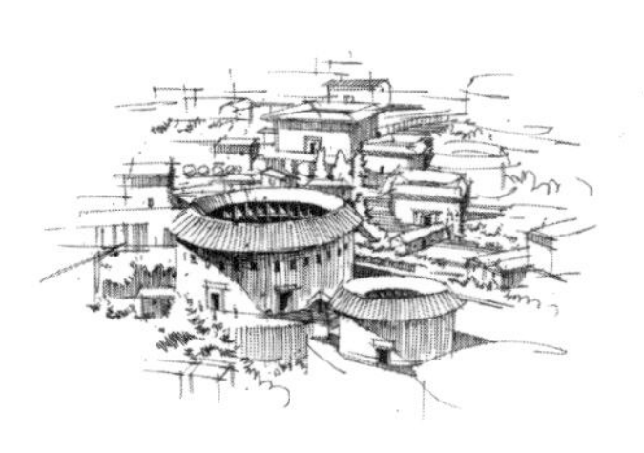

在空间关系中用线条来表示物体近大远小和虚实的科学称为透视。透视对于建筑速写来说是至关重要的，一幅优秀的建筑手绘表现稿必须符合基本透视规律，选择舒服的视点，较准确地表达空间关系。如果透视出现了大问题，不管多么精彩的线条和表现方式，都失去了建筑手绘的意义。在建筑手绘中，虽然不能要求每一个体块、每一个细节都严格符合透视的规律，但是大的透视关系是不能出现失误的。

在画建筑草图的时候，为了保证准确，首先就是所画的轮廓符合透视原理，但这不是要求我们对待每一个轮廓或者细节都必须遵循透视的原理，因为这样太繁琐。一栋建筑不论规模大小，只要大的轮廓和比例关系基本符合透视关系就可以了，至于细节，比如门窗和小的装饰物品，凭着经验和感觉来判断就可以完成了。

二维码 3–1　几何形体、复杂形体

3.1　几何形体、复杂形体

3.1.1　简单几何体（图 3–1、图 3–2）

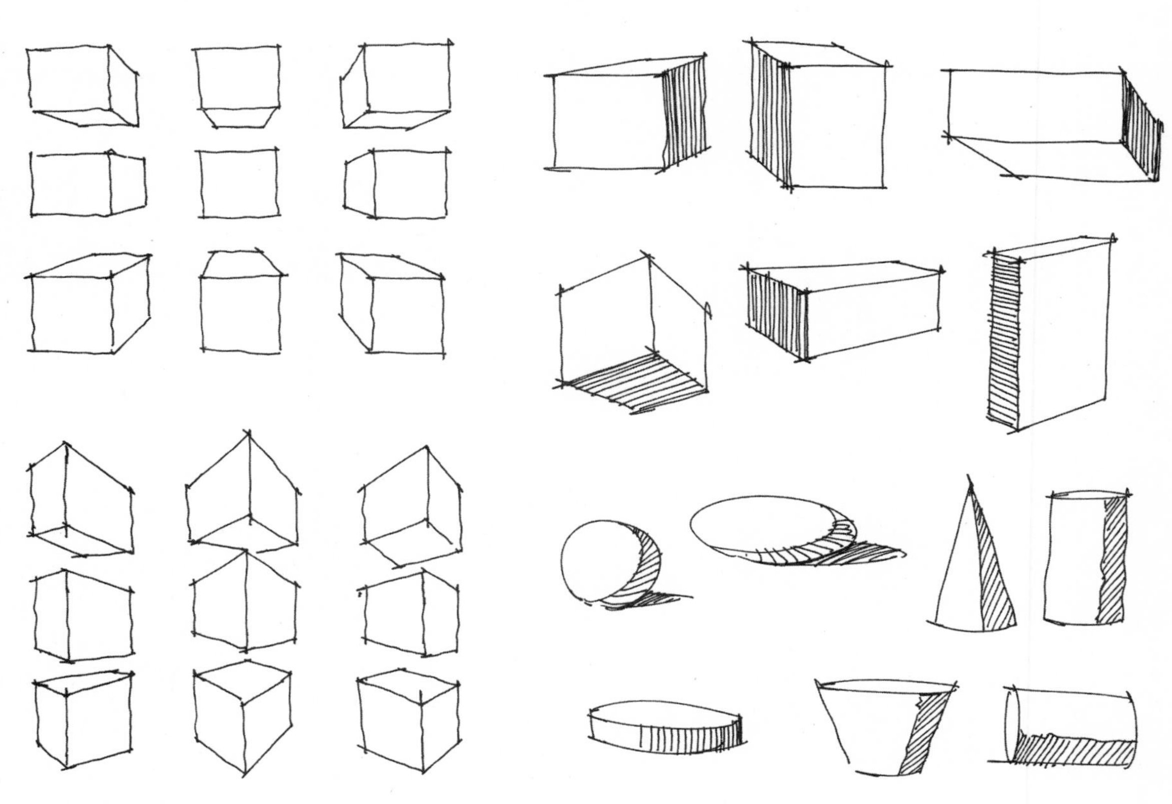

图 3–1　简单几何体（一）

图 3–2　简单几何体（二）

3.1.2 几何体组合（图 3–3）

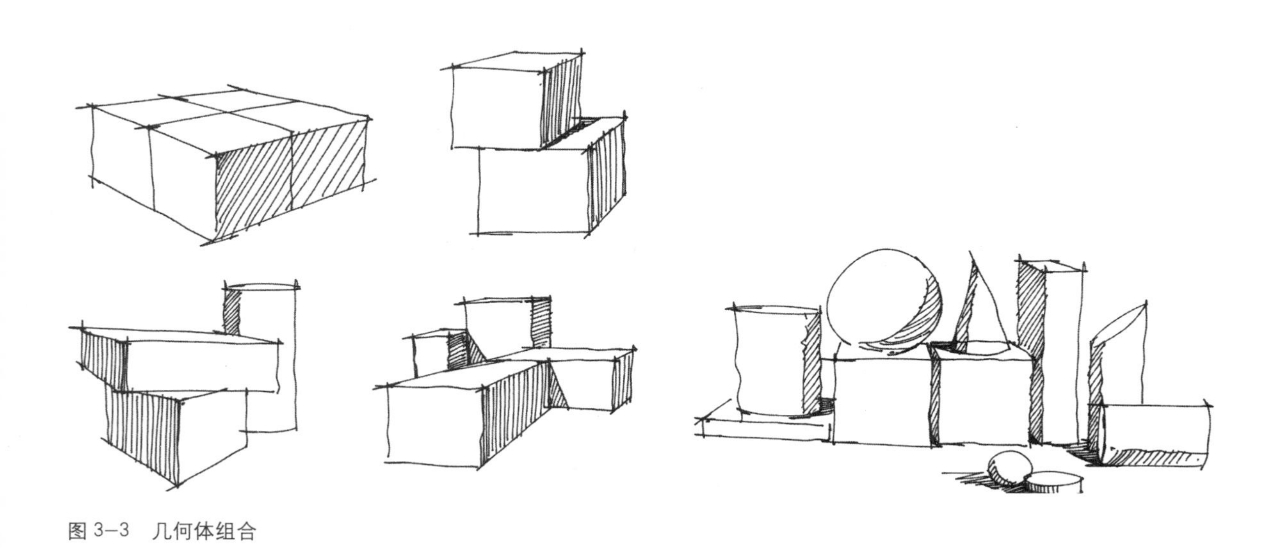

图 3–3 几何体组合

3.1.3 几何体切割（图 3–4、图 3–5）

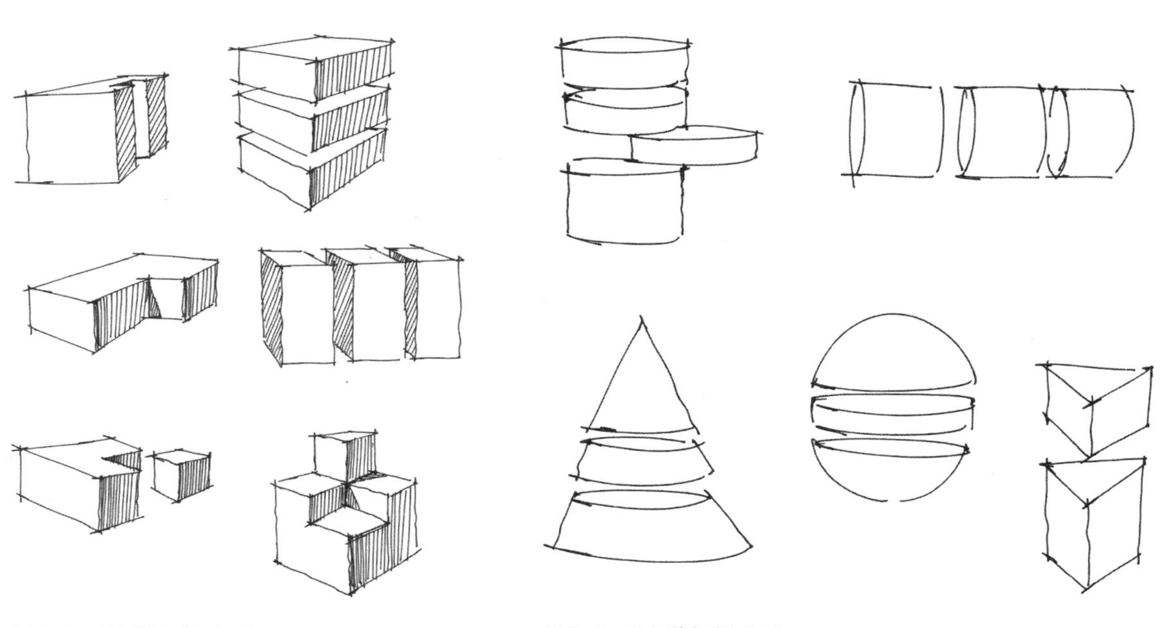

图 3–4 几何体切割（一）

图 3–5 几何体切割（二）

3.1.4 复杂几何体（图 3–6、图 3–7）

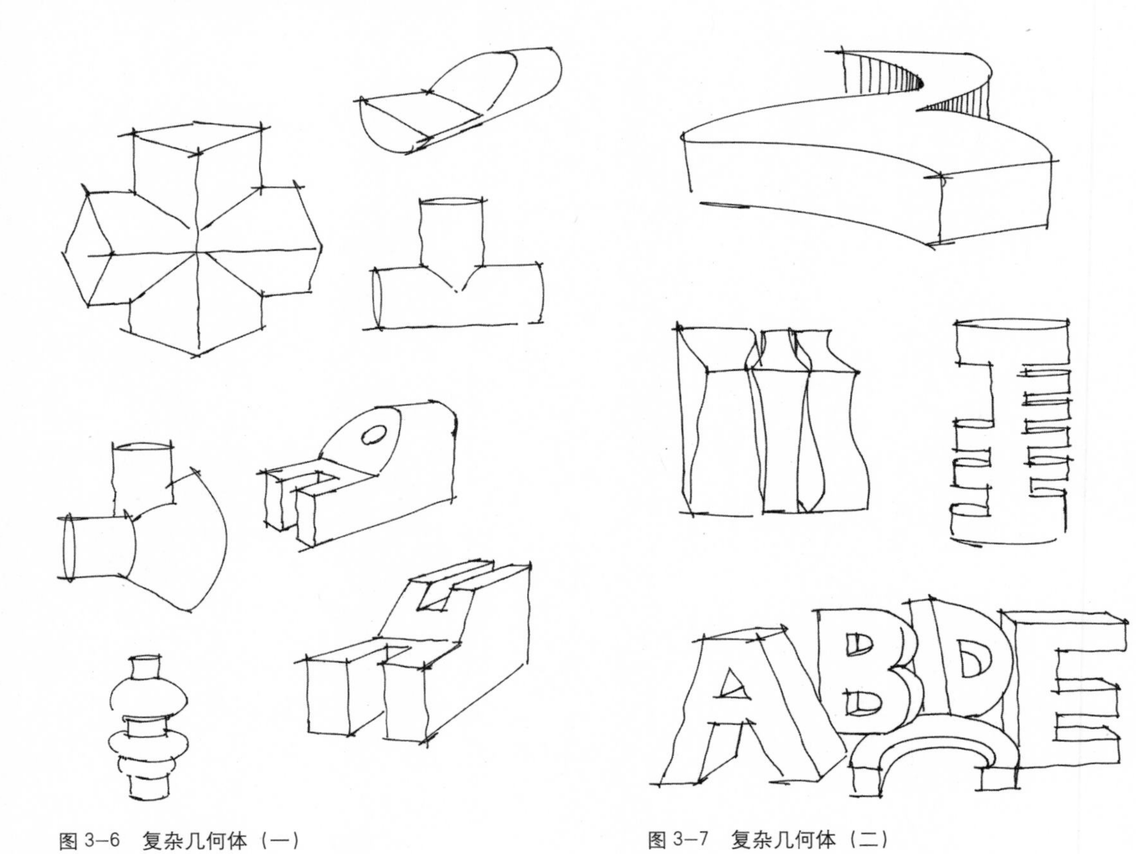

图 3–6 复杂几何体（一）

图 3–7 复杂几何体（二）

3.1.5 几何体到建筑环境体感的过渡

面对描绘较复杂的建筑环境时，没有经验的人经常感到束手无策，其实复杂的建筑环境通常可以归纳为简单的几何体，这样的话，我们在描绘的时候就事半功倍了（图 3–8~ 图 3–10）。

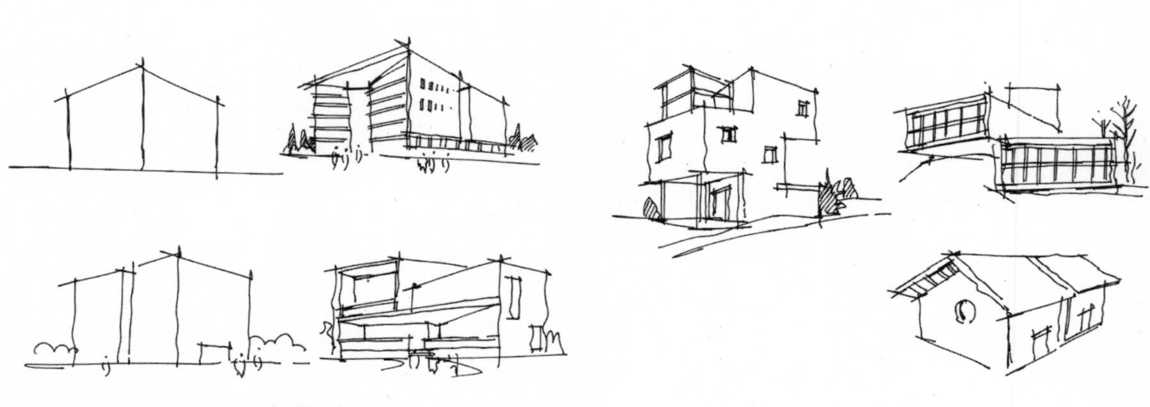

图 3–8 几何体到建筑环境体感的过渡（一）

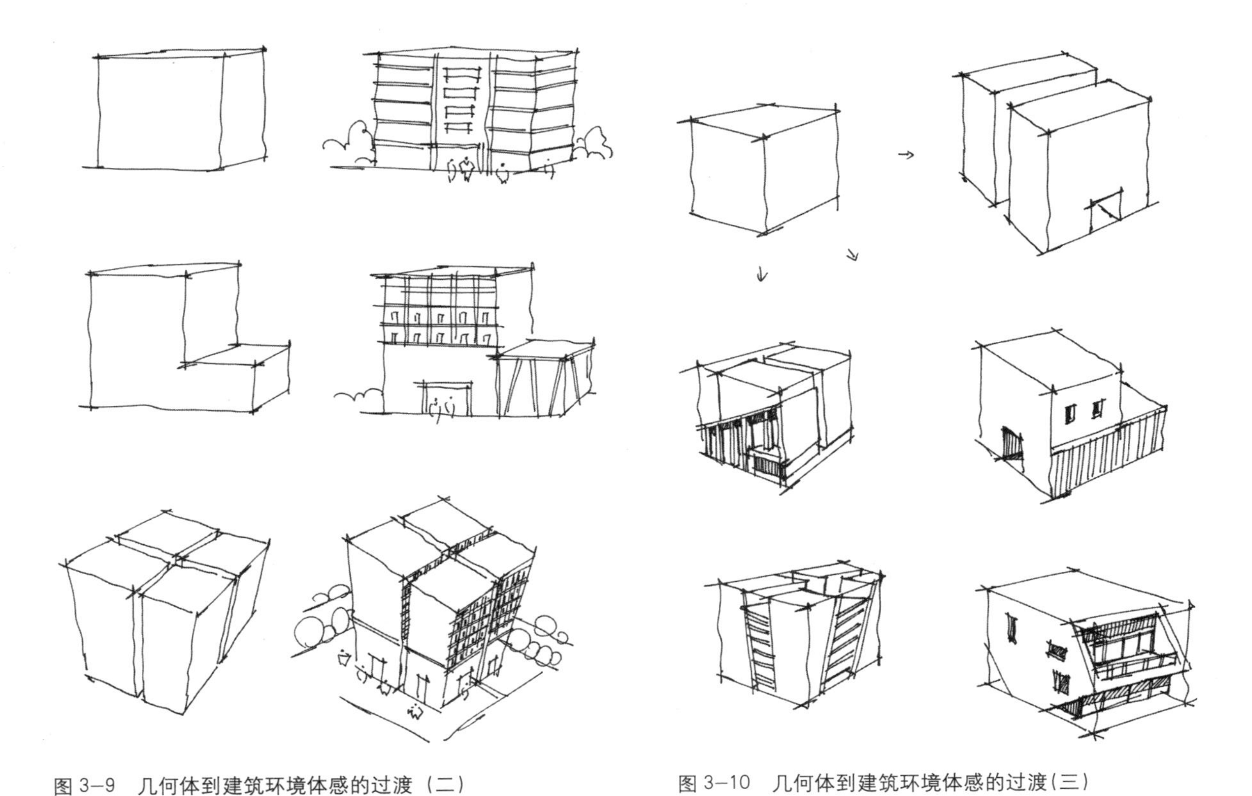

图 3–9　几何体到建筑环境体感的过渡（二）

图 3–10　几何体到建筑环境体感的过渡(三)

课后练习：

1. 掌握本书的几何形体由简单到复杂的思维关系。
2. 尝试用表现工具完成简单形体向建筑的过渡表现过程。

3.2　透视

二维码 3–2　透视

3.2.1　一点透视

一点透视在建筑速写中是很常见的，也是比较容易掌握的、较简单的透视。可以表达各种不同的建筑空间环境，最常见的是表现街道、马路景色，可以表达极其强烈的空间的纵深感。一点透视的消失点的位置尤为重要，消失点决定了画面上所有的透视方向和视角（图 3–11）。

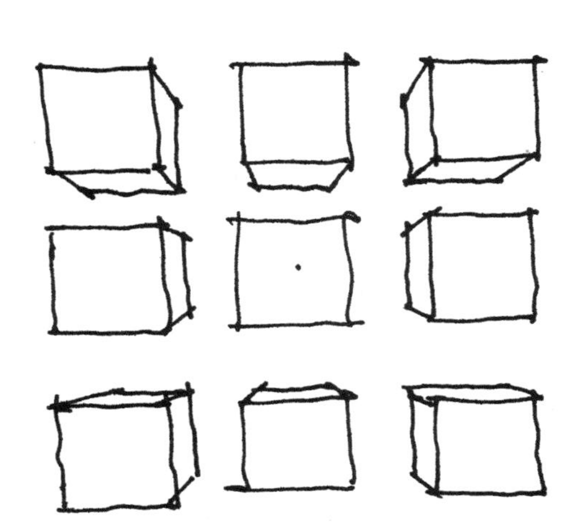

图 3–11　一点透视

一点透视案例（图 3–12）：

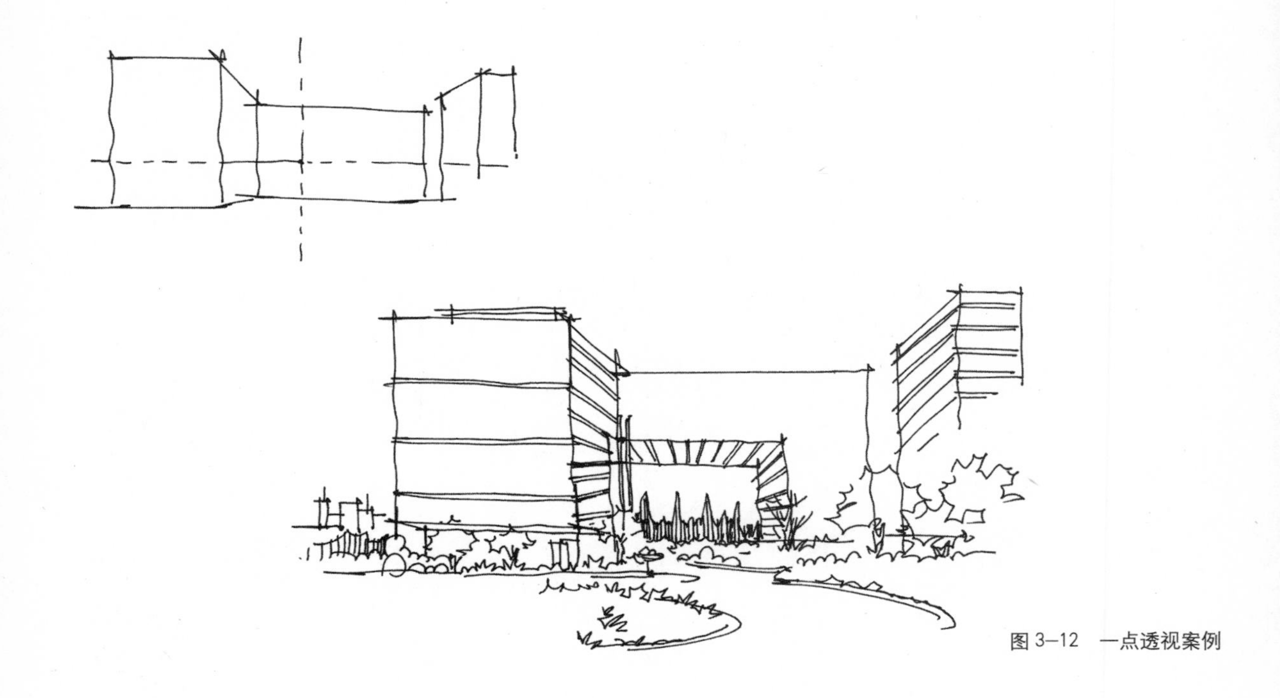

图 3–12　一点透视案例

3.2.2　两点透视

两点透视也叫成角透视，两点透视其消失点为两个，而且一般情况消失点应在同一条水平线左右。这样不仅可以画出建筑物本身的两个体面，而且体积感更强烈，可以明确地表达建筑空间强烈的透视感。消失点的选择尽可能一远一近，差别比较大的时候，会增加对比，这样也同时会增加空间的生动性和灵活性，避免呆板、没有生气（图 3–13）。

两点透视案例（图 3–14）：

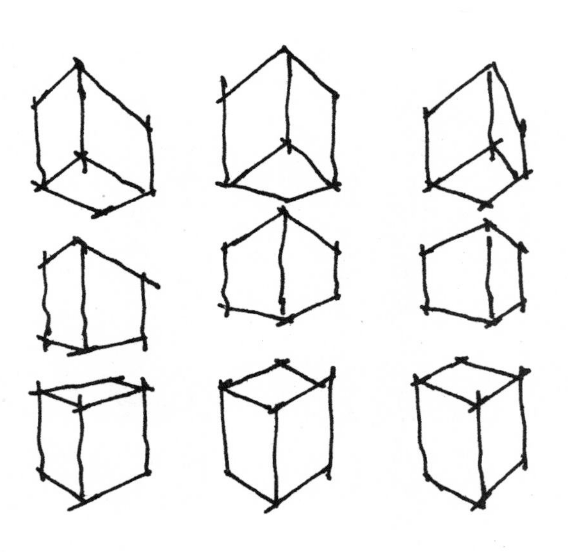

图 3–13　两点透视

图 3–14　两点透视案例

3.2.3　三点透视

三点透视也称斜角透视，一般表现建筑环境的俯视或者仰视，形成俯视图或者仰视图，这样可以表达建筑的三个面，空间感是最强烈的，可以表现宏伟的空间环境，当然也是最难把握的。三点透视其透视消失点有三个，可以根据环境适当调整消失点，让其画面更完整、更有视觉冲击力（图 3–15）。

三点透视案例（图 3–16、图 3–17）：

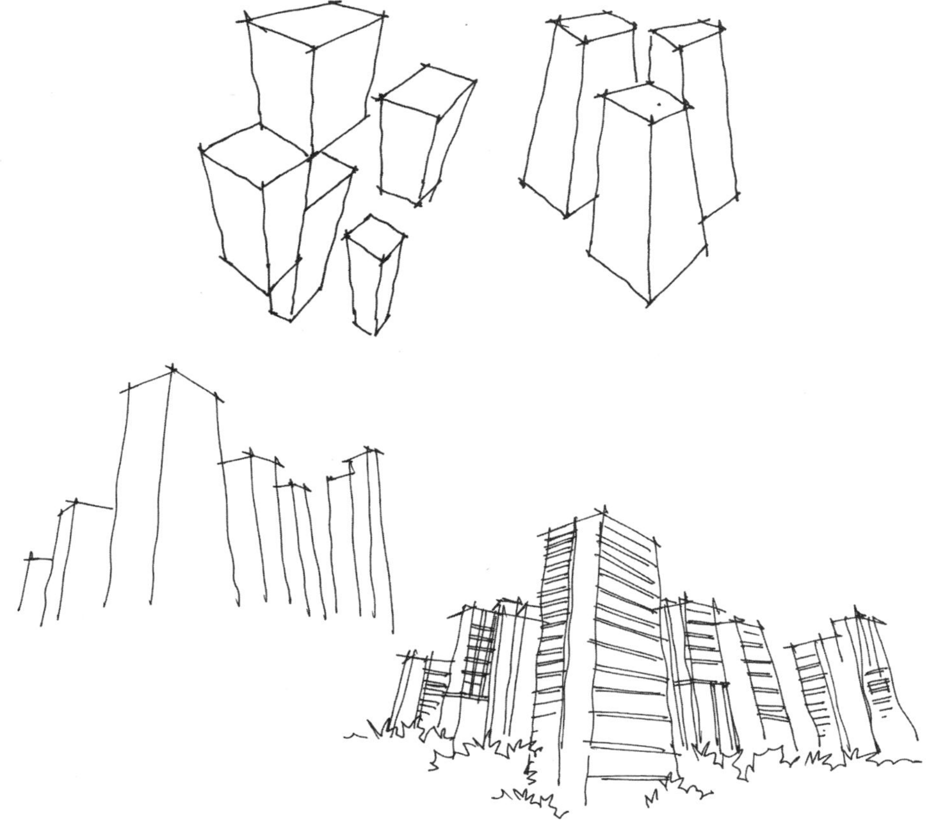

图 3–15　三点透视

图 3–16　三点透视案例（一）

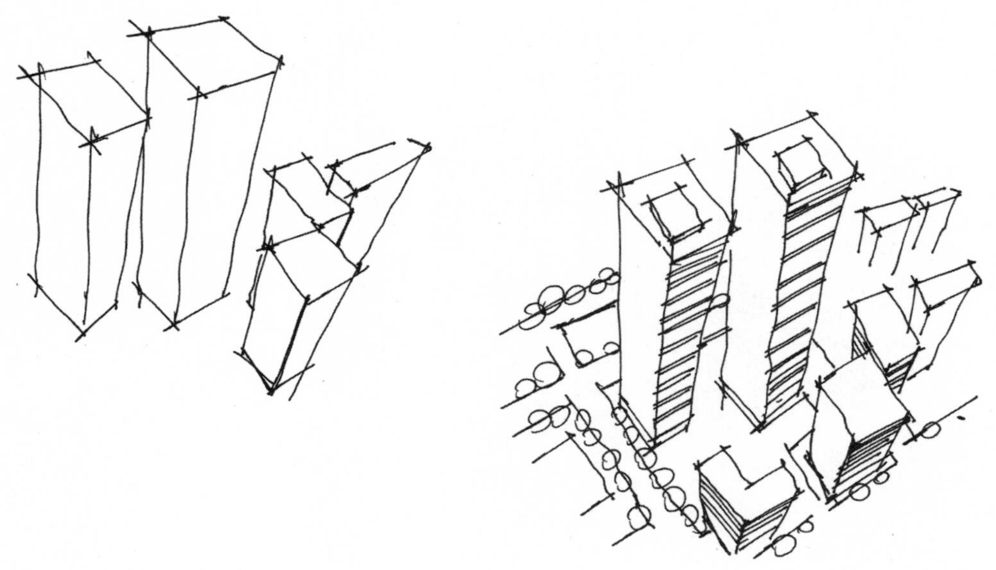

图 3–17　三点透视案例（二）

3.2.4　圆面透视

作圆的透视，可用外切正方形的方法，先作出圆的外切正方形的透视，再观察圆上各点在外切正方形中的位置，定出各点的透视，圆面透视是透视中较常见的一种透视现象，比如土楼建筑、球体、圆桌、拱门等都有运用（图 3–18、图 3–19）。

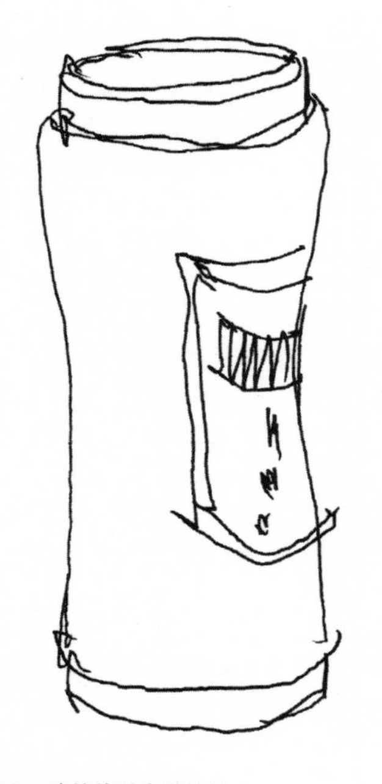

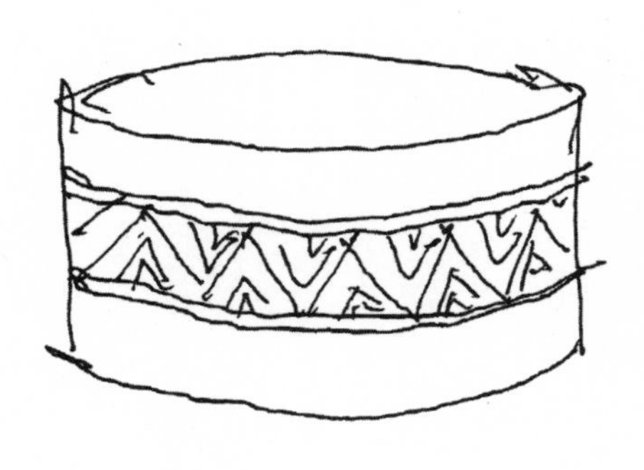

图 3–18　圆面透视线稿示意图

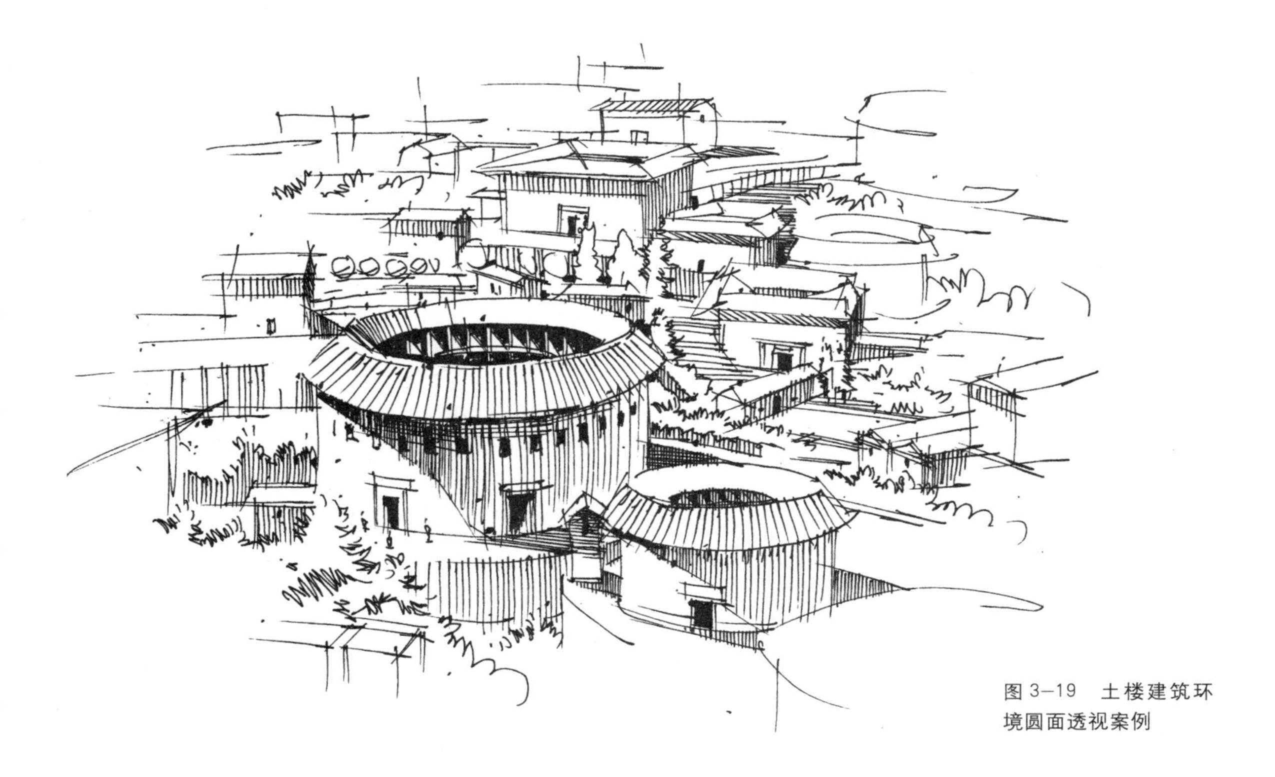

图 3–19　土楼建筑环境圆面透视案例

课后练习：

1. 一点透视、两点透视、三点透视和圆面透视有什么特点？
2. 尝试用不同透视来表现同一组建筑作品，完成 3~4 幅建筑速写作品。

3.3　构图取景

二维码 3–3　构图取景

构图，就是组织画面，即把观察到的绘画内容在画面中和谐、统一、完整地体现出来。构图的基本原则讲究的是：均衡与对称、对比和视点。

均衡与对称是构图的基础，主要作用是使画面具有稳定性。均衡与对称本不是一个概念，但两者具有内在的同一性——稳定。稳定感是在长期观察自然中形成的一种视觉习惯和审美意识。因此，凡符合这种审美观念的造型艺术才能产生美感，违背这个原则，视觉上就不舒服。均衡与对称都不是平均的，它是一种合乎逻辑的比例关系。对称的稳定感特别强，对称能使画面有庄严、肃穆、和谐的感觉。比如，我国古代的建筑就是对称的典范，但均衡与对称比较而言，均衡的变化比对称要大得多。因此，对称虽是构图的重要原则，但在实际运用中机会比较少，运用多了就有千篇一律的感觉。因此，相对对称就是更好的选择。相对对称是在对称的基础上适当地改进，保持其原有稳定的特点，适当改变对象的上下、大小、造型等关系，让其更有变化和特点（图 3–20）。

图 3–20　建筑环境均衡示意图

对比，不仅能增强艺术感染力，更能鲜明地反映和升华对象。对比构图，是为了突出主题、强化主题，对比有各种形式，在建筑速写里，可以表现为：一是造型的对比，主要体现在物体的大和小、高和低、胖和瘦、粗和细等因素；二是主次的对比，主要体现在主体和客体、强和弱、虚和实的因素上；三是技法的对比，即在画面当中，根据不同的对象，用对应的技法来表现（图 3–21）。

图 3–21　加德满都建筑手绘线稿

在一幅作品中，可以运用单一的对比，也可同时运用各种对比，对比的方法是比较容易掌握的，可以根据对象灵活地运用，但要注意不能生搬硬套、牵强附会、喧宾夺主。谢赫“六法”中称为经营位置，也就是构图。为什么不说是分布位置而称为经营位置？可见取得好的题材后，紧跟着要研究主体部分放在哪里，次要部分如何搭配得宜，甚至空白处、气势、色彩、题词等细节都要反复推敲，宁可没有画到，但不可没有考虑到，这种推敲布置的过程就是一种经营，诠释了构图（图 3–22）。

图 3–22　街道景观建筑手绘表现线稿

视点构图，是为了将观众的注意力吸引到画面的中心点上。视点是透视学上的名称，也叫灭点，视平线就是与眼睛平行的一条线。观者可以站在任何一个地方向远方望去，在天地相接或水天相连处有一条明显的线，这条线正好与眼睛平行，这就是视平线。这条线随眼睛的高低而变化，人站得越高，这条线随着升高，看得也就越远。反之，站得低，视平线也就低，看到的地方也就近了（图 3–23）。

图 3–23　公共空间建筑手绘示意图（视点构图）

3.3.1 前景、中景、后景

在建筑风景写生中，把前景、中景、后景在画面中充分地体现出来，就能够更充分地拉开前后的关系，增强画面的纵深感和空间感（图 3–24）。

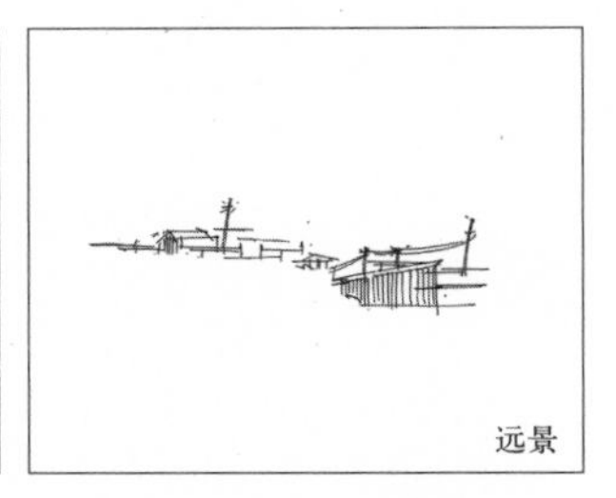

图 3–24 前景、中景、远景示意图

3.3.2 加入非实景中的景色

加入不在实景中、从别处取来的景色添加构图趣味。即把别处的景色或者物体位移到自己的画面当中，增强画面的丰富性和趣味性（图 3–25）。

3.3.3 仰视、平视、俯视角度（图 3–26）

学生作品如图 3–27、图 3–28 所示。

图 3–25　空间环境分解示意图

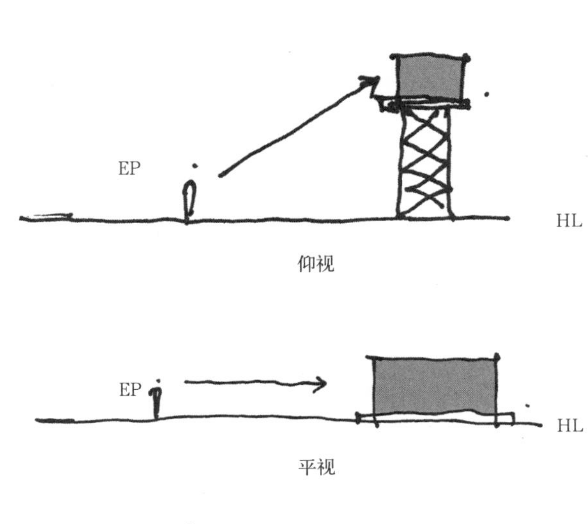

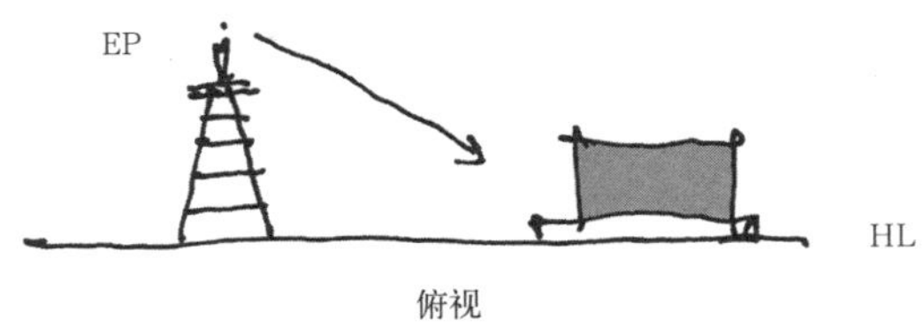

HL —— 地平线

EP —— 视点

图 3–26　仰视、平视、俯视示意图

图 3–27　学生建筑徒手表现作品（一）

图 3–28　学生建筑徒手表现作品（二）

课后练习：

1. 搜集整理不同透视类型的作品 5~10 幅。
2. 练习快速表现不同视角的构图草稿 5~6 幅。

第 4 章　建筑配景徒手表现

在建筑徒手表现中，除重点表现的建筑物是画面的主体之外，还有大量的配景要素。建筑物是表现的主体，但它不是孤立的存在，须安置在协调的配景之中，才能使一幅建筑画渐臻完善。所谓配景要素就是指突出衬托建筑物效果的环境部分。协调的配景是根据建筑物设计所要求的地理环境和特定的环境而定。常见的配景有：树木丛林、人物车辆、道路地面、花圃草坪、天空水面等。植物的作用可以显示建筑物的尺度，调整画面平衡，引导视线，增加纵深感。建筑环境也常根据设计的整体布局或地域条件，设置些广告、路灯、雕塑等，这些都是为了创造一个真实的环境，增强画面气氛，这些配景在建筑手绘表现中起着多方面的作用，能充分表达画面的气氛与效果！

配景可以显示建筑物的尺寸，体现人与建筑的尺度关系。要想判断建筑物的体量和大小，需要有一个比较的标准，人就是最好的标准，因为人的身高在1.6~1.8m之间，有了人的身高的参照，也就显示了建筑物的体量和大小。配景可以调整建筑物的平衡，可以起到引导视线的作用，能把观察者的视线引向画面的重点部位。配景又有利于表现建筑物的性格和时代特点。

利用配景可以表现出建筑物的环境气氛，从而加强建筑物的真实感。利用配景还可以有助于表现出空间效果，利用配景本身的透视变化及配景的虚实、大小等可以加强画面的层次和纵深感！植物在建筑场景中是最重要的元素。植物与建筑环境存在一定的主次关系，建筑在画面表现中通常较为理性，植物则相对较为感性，建筑配景可以起到软化整个建筑环境的作用，建筑配景帮助表达主体建筑的形态特征和衬托主体建筑的内涵。建筑配景中出现的树木、人物、交通工具等都是为了起到装饰点缀、烘托主体建筑物的作用。在配景的掩映下，使得整个画面生机盎然、充满活力。

4.1 植物

二维码 4–1　植物

4.1.1 树的基本形状特征

树根据外形基本可以分成圆形、伞形、三角形、串形等不规则形（图 4–1）。

4.1.2 树的结构特征

树一般由树根、树干、树枝、树叶构成，不同的树木有不同的形状和结构特征，我们在写生的时候一定要根据不同树的种类进行写生练习（图 4–2）。

4.1.3 植物几何形体归纳

任何复杂的树都可以归纳成简单的几何体，这样在写生的时候就可以很从容地描绘（图 4–3）。

图 4–1　树的基本形状线稿

图 4–2　树的结构特征

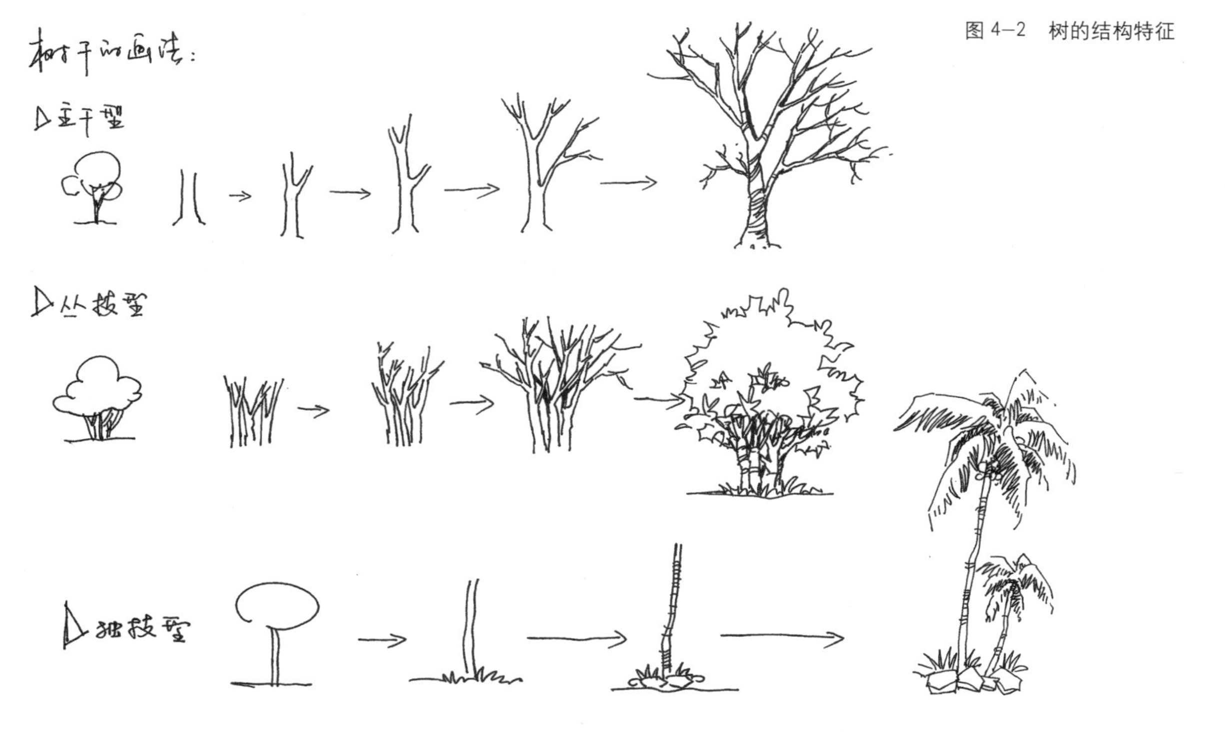

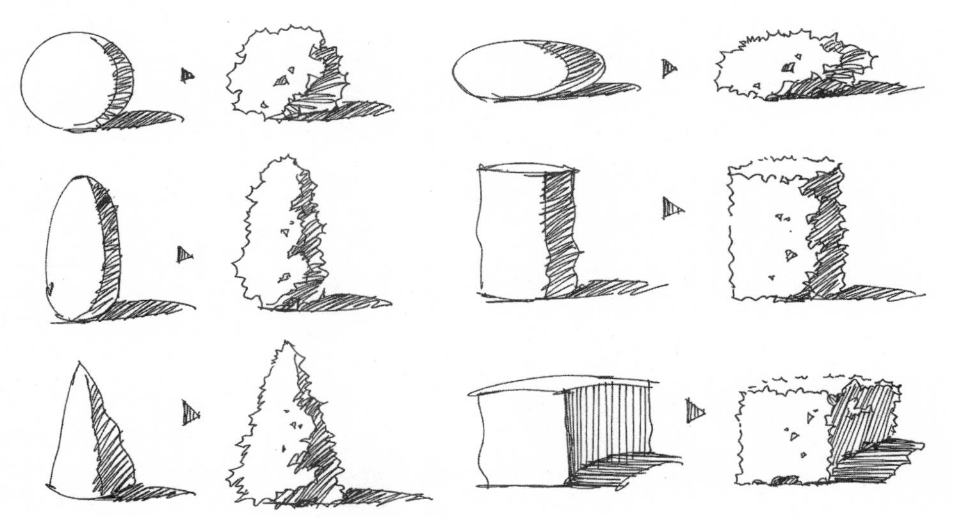

图 4–3 植物几何形体归纳

4.1.4 树的明暗分析

建筑配景中树的表现方式主要有三种：一是以线条为主的方法；二是以线面结合为主的方法；三是以明暗色调为主的方法。树的明暗主要由光影关系所决定，在表现的时候需要合理地处理黑、白、灰三种色调关系，才能非常真实、生动地表现出各种形态的树。

通过画面的光影效果来分析树的明暗关系，所产生的明暗两大色调的变化来表现树的形体特征和体积感，树的体积感是由茂密的树叶所形成的。在光线的照射下，迎光的一面最亮，背光的一面则比较暗。里层的枝叶，由于处于阴影之中，所以最暗（图 4–4）。

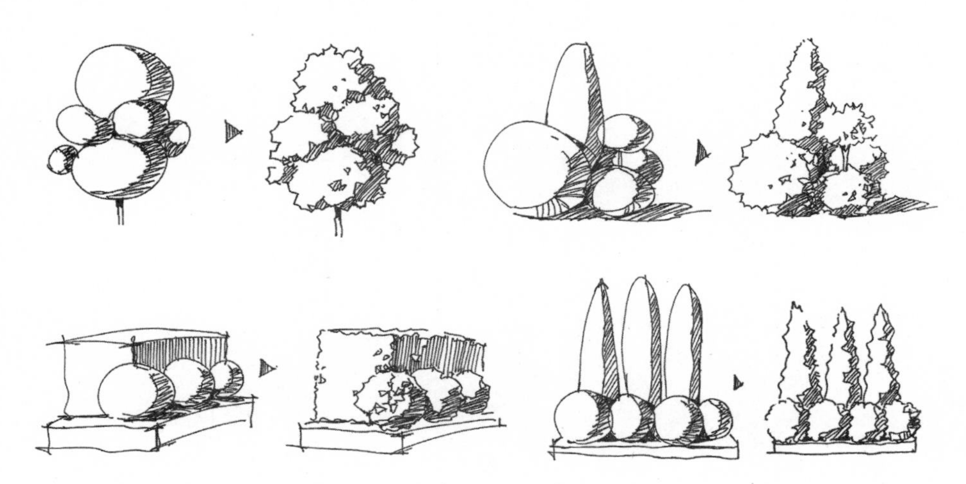

图 4–4 树的明暗分析

4.1.5 树的轮廓用线表达方法

树的结构和形体，基本确定了树的几何外轮廓，然后具体描绘树的外轮廓和明暗关系，最后丰富画面，调整整体关系。在建筑风景中，树木是建筑的配景，一般情况不用深入太多，以免喧宾夺主（图 4–5）。

图 4–5　植物轮廓基本用线

4.1.6　常见植物手绘线稿（图 4–6 ~ 图 4–15）

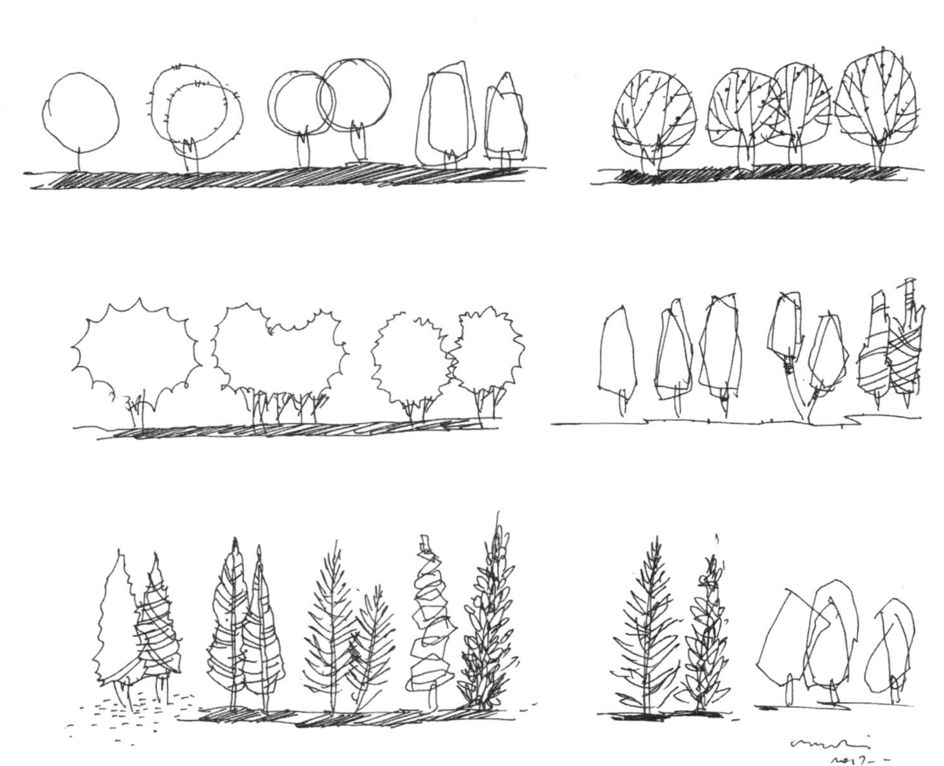

图 4–6　各种乔木手绘线稿

图 4–7　树的手绘线稿

图 4–8　植物手绘草图线稿

图 4–9　植物手绘线稿

图 4–10　盆装植物手绘线稿（一）（左）
图 4–11　盆装植物手绘线稿（二）（右）

图 4–12 盆装植物手绘线稿（三）（左）
图 4–13 盆装植物手绘线稿（四）（右）

图 4–14 植物手绘快速线稿（一）

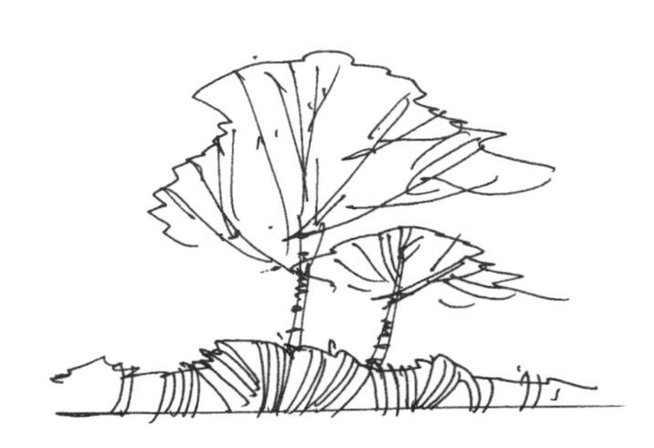

图 4–15　植物手绘快速线稿（二）

课后练习：

1. 临摹本节图例 5~6 幅，并掌握植物的基本形体和结构。
2. 如何选用不同工具进行不同的植物表现？
3. 思考乔木、灌木和草地表现有哪些不同？

4.2　人物

二维码 4–2　人物

人物在建筑徒手表现中，起到了十分重要的作用，人物形态、高低、远近大大丰富了建筑环境，同时活跃了画面气氛。在手绘表现过程中需要把握人物在空间中的层次关系，用概括的笔法快速地描绘出人物的大小、位置和形态，可以有一定的抽象性和概括性。建筑手绘表现里人物配景主要起到三个作用：一是衬托建筑的比例尺度；二是营造画面生动的生活气息；三是由远近各点的人物不同大小增强画面空间感。

在画有人物和建筑的场景中要注意人物与建筑物的比例关系，还应根据不同场合的建筑环境来安排不同年龄阶段、不同职业身份的人物配景，人物的衣着姿态、大小前后能够烘托空间的尺度比例，也能反映建筑环境的场合功能。

4.2.1 单体人物（图 4–16、图 4–17）

图 4–16 单体人物比例图（左）
图 4–17 单体人物手绘线稿（右）

4.2.2 群组人物

群组人物适合表现在景观环境中，以此来渲染环境气氛，比如商业广场、休闲空间、娱乐空间等环境比较热闹的场合。一般突出环境中的前后和层次关系。表现手法尽量概括（图 4–18 ~ 图 4–21）。

图 4–18 群组人物手绘线稿（一）

图 4–19 群组人物手绘线稿（二）

图 4–20　群组人物手绘线稿（三）

图 4–21　群组人物手绘线稿（四）

课后练习：

1. 人物在建筑环境中有什么作用？
2. 如何快速表现人物的形态和特点？
3. 临摹本节图例 3~4 幅，熟悉人物快速表现技巧。

4.3 交通工具

交通工具徒手表现（图 4–22 ~ 图 4–25）。

二维码 4–3　交通工具

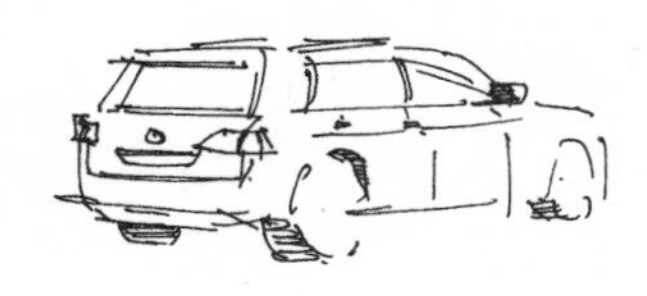

图 4–22　车辆手绘线稿（一）

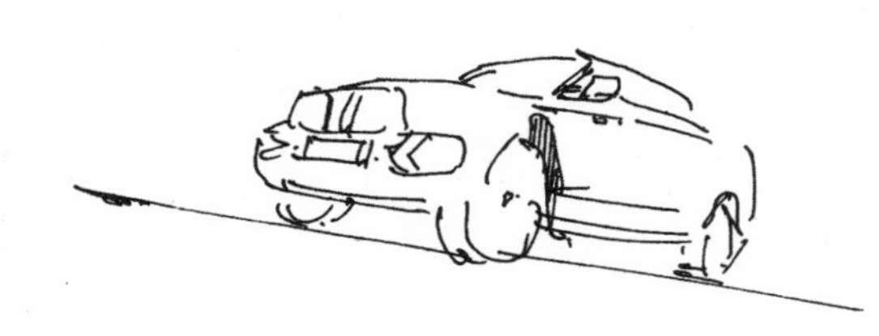

图 4–23　车辆手绘线稿（二）

图 4–24　车辆手绘线稿（三）

图 4–25　交通工具手绘线稿

课后练习：

1. 临摹本节不同交通工具图例 3~4 幅。
2. 尝试写生交通工具 2~3 幅。

4.4 其他

二维码 4–4 其他

4.4.1 石墙

石头是建筑中常见的材料，石头的形体变化多样，可大可小，有较强的可塑性，因此在建筑中经常用到，石头的表现要根据石头的形状进行绘制，注意要表现石头的体积感，石画三面，用线的时候尽可能地用简约的线条勾画出石头整体的形体即可（图 4–26）。

图 4–26 石墙手绘线稿

4.4.2 木门及墙体

木材较软，质地也比较温和，在中国传统建筑中是最常见的建筑材料，徒手绘制的时候要注意木材的纹理走向，这对于表现木材有非常好的帮助（图 4–27、图 4–28）。

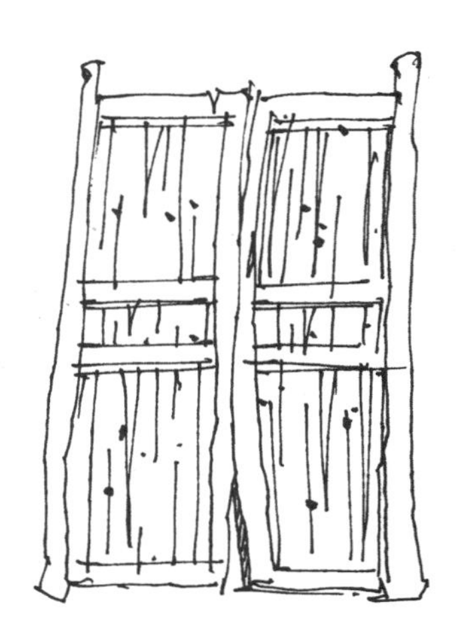

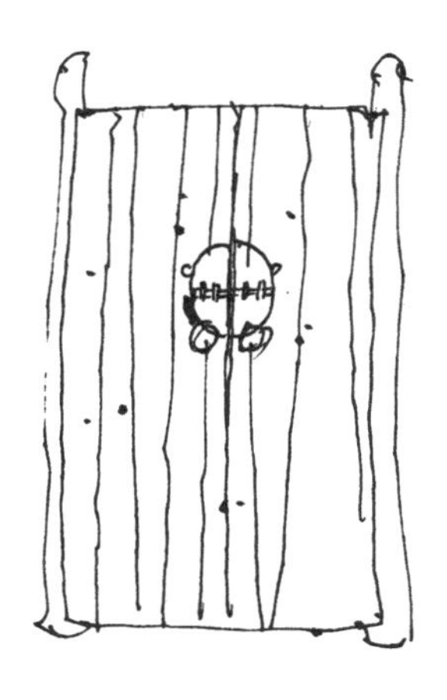

图 4–27 木门手绘线稿

图 4–28 墙体手绘线稿

4.4.3 路面及台阶

路面和台阶是道路的一部分，质地较硬，要根据具体的形态进行描绘，同时尽可能多用直线来表达质感（图 4–29、图 4–30）。

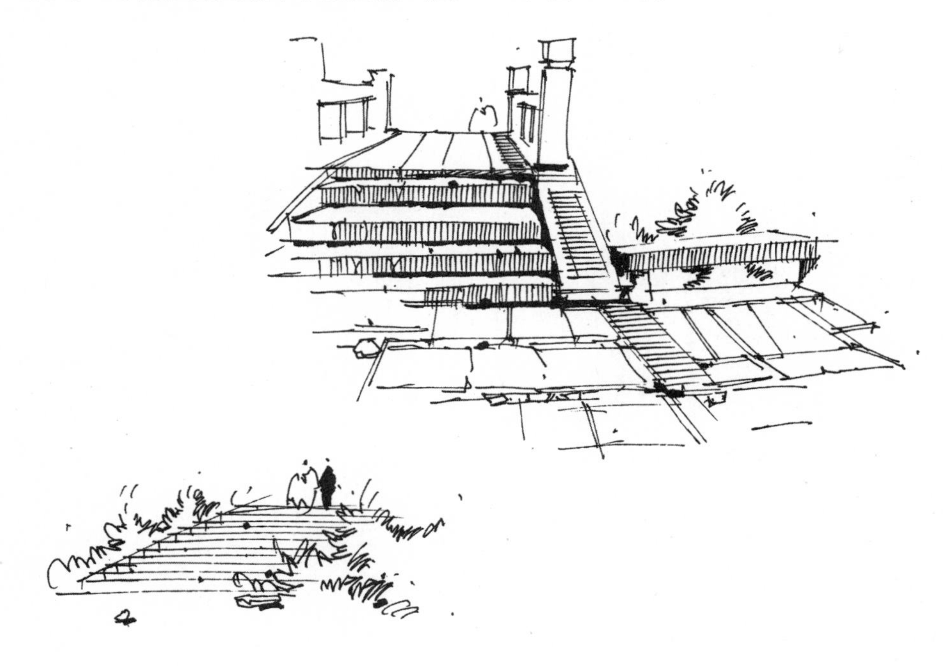

图 4–29　路面及台阶手绘

图 4–30　石桥手绘线稿

4.4.4 水景

水质地柔软，在建筑徒手表现中也是很常见的。在徒手表现水的时候，根据水流的方向简单地绘制即可，不需要描绘太多（图 4—31 ~ 图 4—34）。

图 4—31　水流线稿表现

图 4—32　水景小品(左)
图 4—33　叠水水景(右)

图 4-34　水景景观

课后习题：

1. 如何理解“石画三面”？
2. 石材和木材在快速表现的时候有哪些不同？
3. 如何表达水的质感？
4. 临习本节手绘示范图例 3~5 幅。

5

第 5 章　建筑徒手表现流程

5.1 建筑微型速写、设计稿

建筑微型速写即徒手设计手稿，是建筑师徒手表达设计目的和设计预想的第一步，也是体现设计者设计意图和推敲设计方案的一个非常重要的环节。当我们翻阅大师的设计稿时不难发现，那种转瞬即逝的设计灵感，简单，甚至潦草几笔，在那粗放以至不羁的涂抹修改中，始终有一个原创的概念在主导着、活动着、带领着设计的每一步，走向成功（图 5–1）。

二维码 5–1 建筑微型速写、设计稿

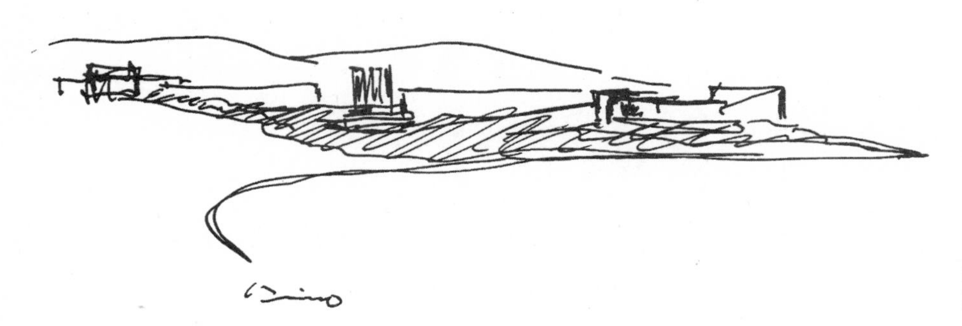

图 5–1 安藤忠雄手绘草图

微型速写是速写中的速写，也可称之小稿，可以快速表达空间设计构思，也可快速写生，记录建筑环境。小稿首先是要快速，在数秒之间完成。其次是绘制的尺寸较小，即用最小的纸张概括出建筑与环境空间的基本形体，透视关系和整体感受。它锻炼作者果断、勇敢、大气的心理素质和行云流水的用笔。小稿练习中要观察描绘对象的基本形体关系、透视方向、疏密的对比，发现画面中容易出现的问题，及时地调整，为后面建筑的整体表现作好铺垫。微型速写在整个建筑徒手表现的学习过程中有着十分重要的作用（图 5–2、图 5–3）。

图 5–2 建筑手绘草图小稿（一）

图 5–3　建筑手绘草图小稿（二）

小稿和终稿的对比（图 5–4~ 图 5–6）：

图 5–4　加德满都建筑小稿与正稿对比

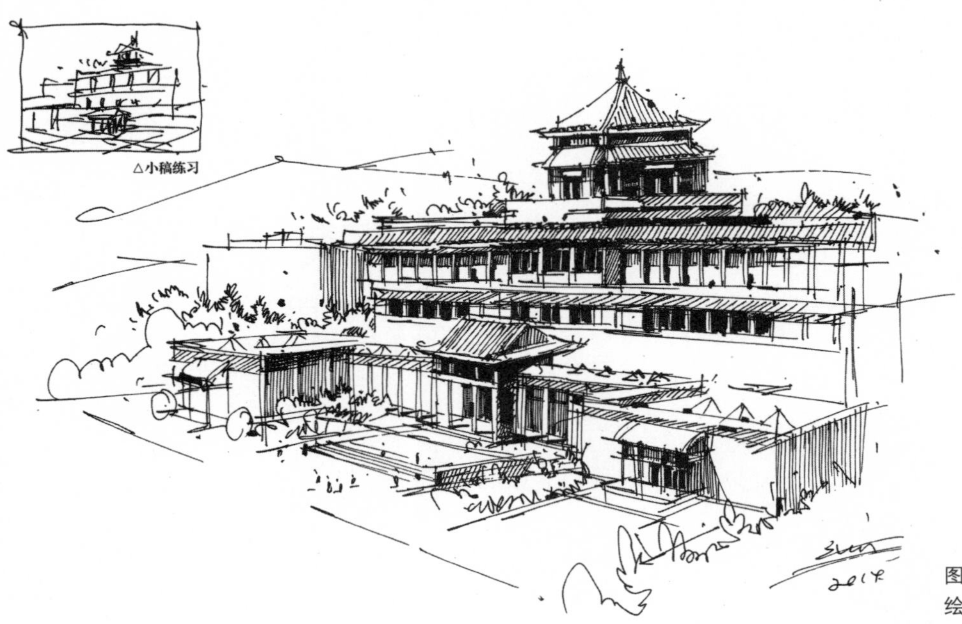

图 5–5　美术馆建筑手绘小稿与正稿对比

图 5–6　景观建筑手绘小稿与正稿对比

课后习题：

1．搜集整理 3~5 名国内外著名建筑师建筑手稿作品，分析手稿与建筑作品的内在关系。

2．临摹或创作不同形体、不同透视建筑微速写作品 10 幅。

5.2 快速建筑徒手表现（草图）

二维码 5–2 快速建筑徒手表现（草图）

快写也就是快速地记录对象，也可以理解为简单快速概括地描绘对象。与微型建筑速写不同的是，它的尺寸没有那么固定，可大可小，一般情况下以 A4 的尺寸为主。在写生条件较差或者人流量很多不方便长时间写生的时候经常用此种方法表现。正因为时间短，因此下笔也应果敢，不拘小节（图 5–7、图 5–8）。

图 5–7 公园建筑手绘线稿快写表现

图 5–8 丽江民族建筑快速徒手表现

5.3 建筑徒手表现线稿

二维码 5–3（a） 建筑徒手表现线稿（一）

二维码 5–3（b） 建筑徒手表现线稿（二）

对于初学者来说，由于造型能力有限和缺乏经验，特别是建筑物和空间的透视关系有着很强的方向性和节奏性，倘若徒手画歪或者画错了几根主要的线，那么画面中将出现很不和谐的空间关系，甚至产生透视或者空间的错乱。而且钢笔难以修改，甚至影响作者的情绪和心态。因此对于初学者，不宜直接在白纸上一挥而就。建议先勾勒几张草图，选择较好的构图形式。注意形体的透视、比例、结构、质感等造型因素，然后按照正确的步骤就可以完成较完整、整体的画面。

一般来说，建筑手绘徒手表现有以下几个步骤。

步骤一：分析画面构成关系以及空间透视等要素，明确透视和技法，不要追求画面的照片效果，失去建筑手绘徒手的特点。注意画面上构图，建议画个小稿。之后用长线画出建筑基本轮廓、透视方向等（图 5–9）。

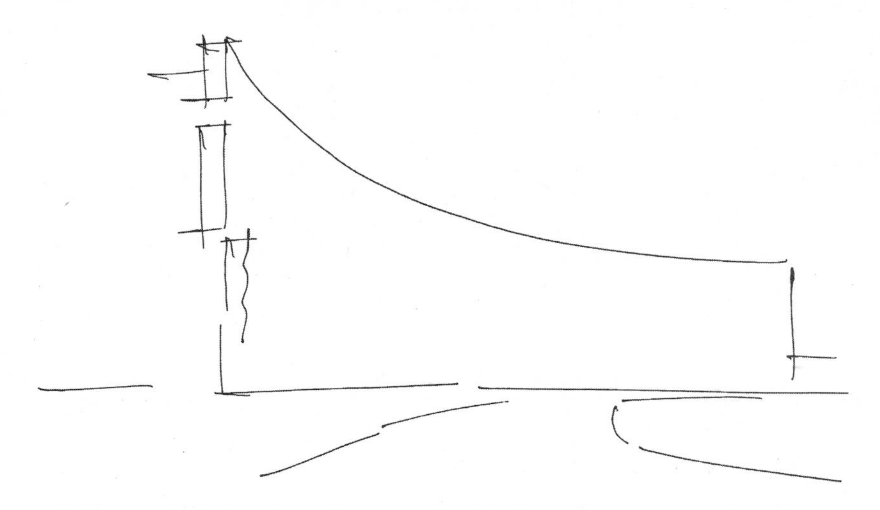
图 5–9 步骤一

步骤二：在步骤一的基础上，明确建筑主体空间位置，主体和配景之间的关系。在整体的基础上画出门、窗、柱等构成要素的轮廓，注意主次关系。可以大胆地取舍，表现对象的主要特征（图 5–10）。

图 5–10 步骤二

步骤三：深入刻画，用短线条完善和丰富画面，刻画细节，尽可能地多表现主体的内容和配景的主次关系，丰富画面。完善主次关系，做到主次有序，高低错落有致。可以根据画面，在线条的基础之上略加明暗，通过线条的叠加，丰富画面，增强物体的体积感和空间感（图 5–11）。

图 5–11　步骤三

步骤四：调整画面。调整画面的主次关系和空间层次等，适当地对影响画面的要素进行调整。增强画面的丰富性，使其达到最佳效果（图 5–12）。

图 5–12　步骤四

课后练习：

1. 掌握建筑线稿徒手表现的一般步骤。
2. 根据一般步骤，完成 1~2 幅建筑快速表现作品。

5.4 线稿练习

5.4.1 写生类线稿

（图 5–13~ 图 5–43）

二维码 5–4（a） 线稿练习（一）

二维码 5–4（b） 线稿练习（二）

二维码 5–4（c） 线稿练习（三）

图 5–13 丽江传统建筑徒手表现线稿（一）

图 5–14 丽江传统建筑徒手表现线稿（二）

图 5–15　丽江传统建筑徒手表现线稿（三）

图 5–16　苗族建筑徒手表现线稿

图 5–17　大昭寺建筑徒手表现

图 5–18　传统建筑徒手表现线稿（一）

图 5–19　传统建筑徒手表现线稿（二）

图 5–20　传统建筑徒手表现线稿（三）

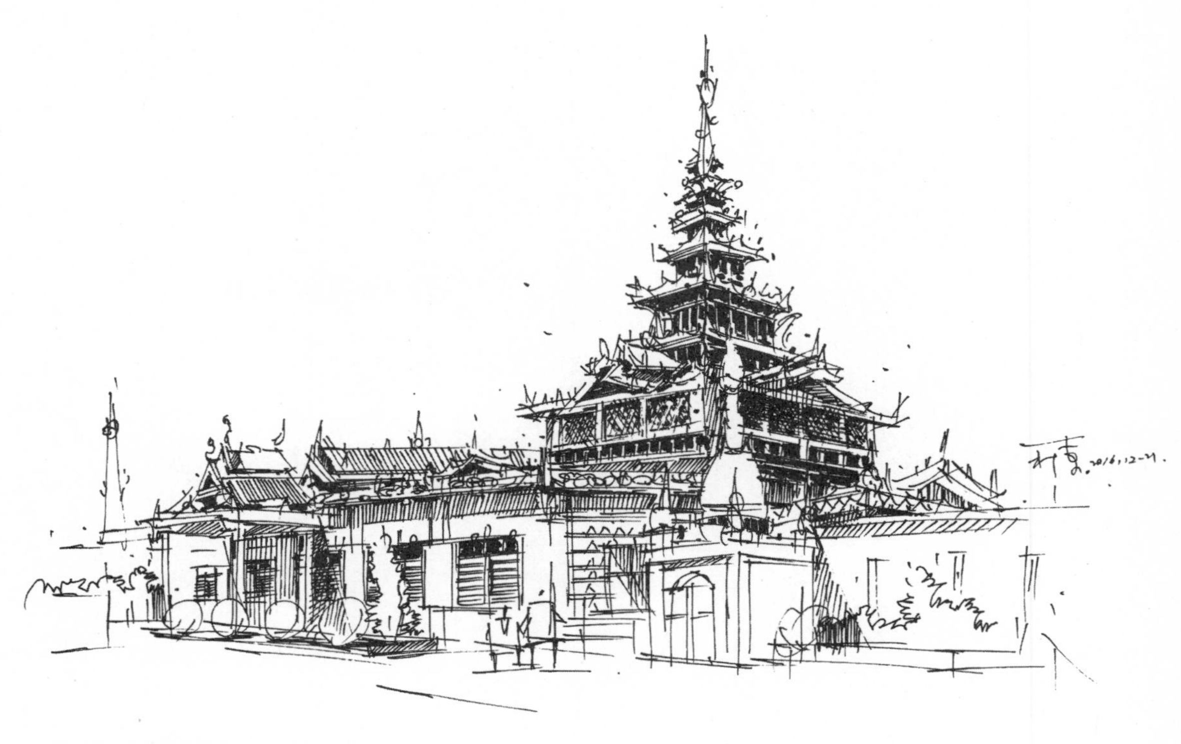

图 5–21　柬埔寨建筑徒手表现线稿

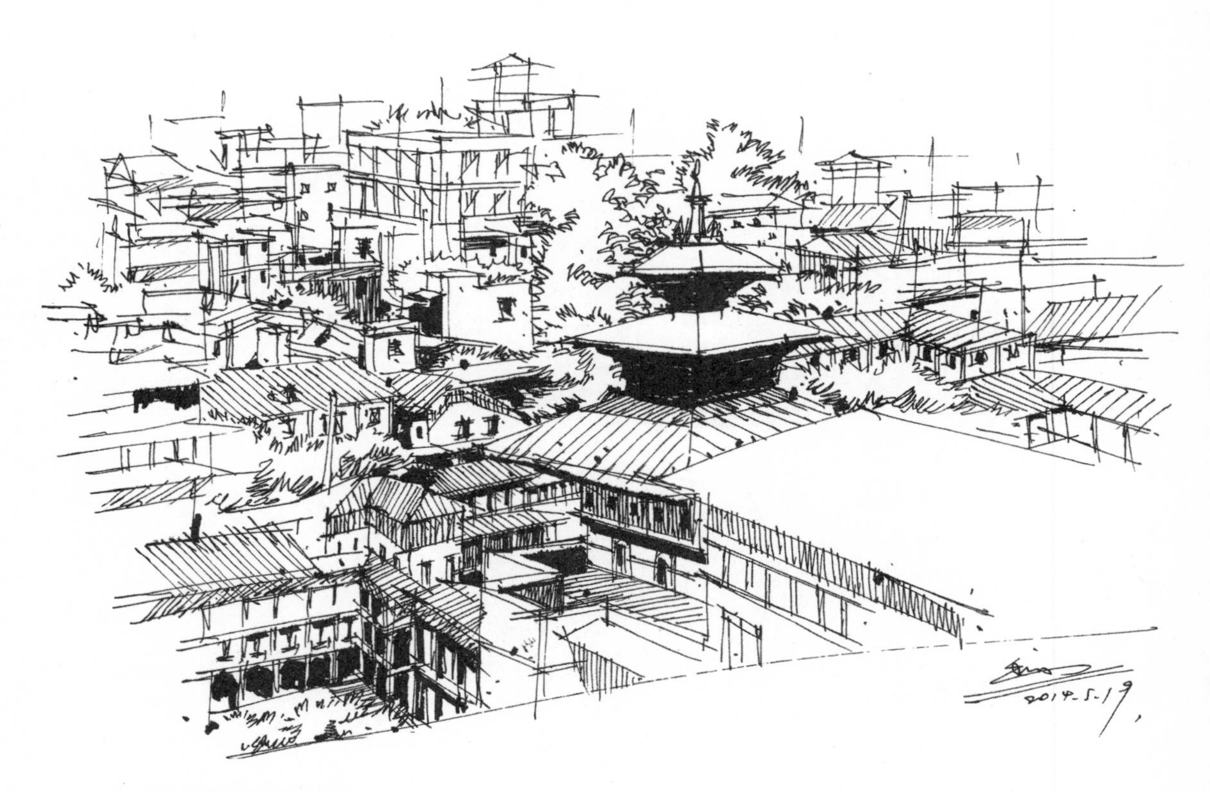

图 5–22　尼泊尔建筑徒手表现线稿

图 5–23　加德满都建筑徒手表现线稿

图 5–24　德国传统建筑徒手表现

图 5-25　西班牙建筑徒手表现

图 5-26　法国建筑徒手表现

图 5-27　德国市政广场建筑徒手表现（一）

图 5-28　德国市政广场建筑徒手表现（二）

图 5–29　英国建筑徒手表现（一）

图 5–30　英国建筑徒手表现（二）

图 5—31　圣米歇尔山建筑徒手表现

图 5—32　巴塞罗那米拉公寓建筑徒手表现

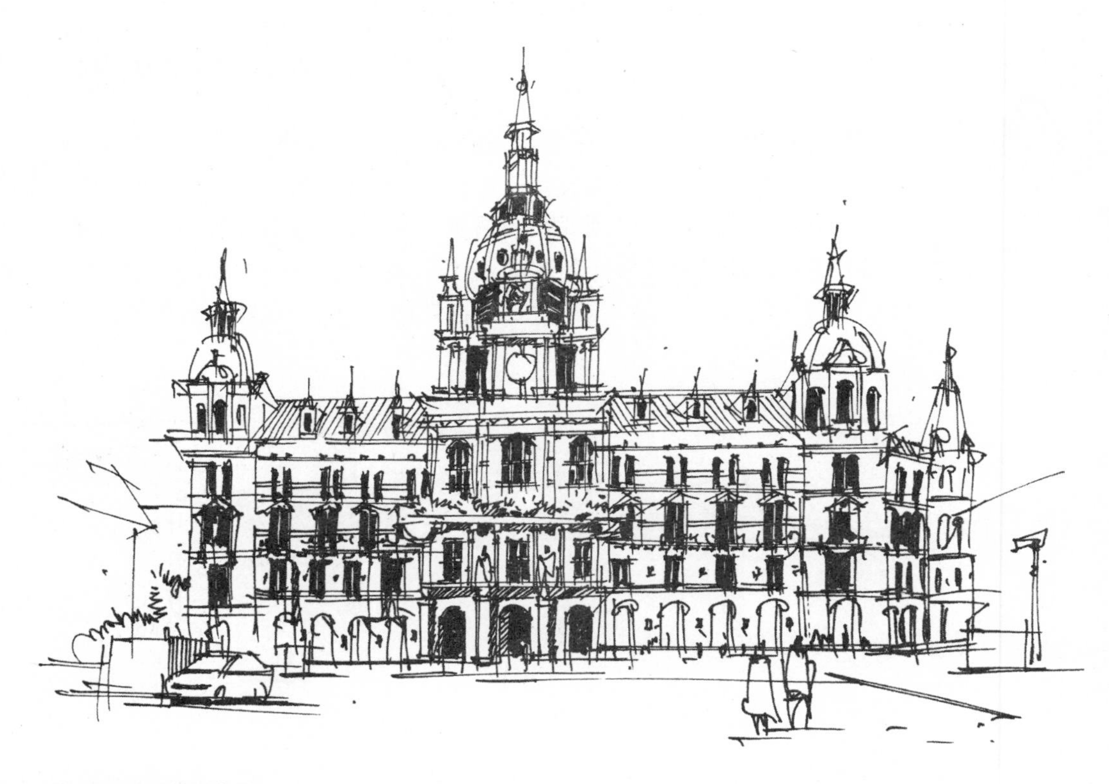

图 5–33　宫殿建筑徒手表现

图 5–34　酒店建筑徒手表现

图 5-35　传统体育场建筑徒手表现

图 5-36　街道建筑徒手表现（一）

图 5–37　街道建筑徒手表现（二）

图 5–38　建筑环境徒手表现

图 5–39　欧洲建筑徒手表现

图 5–40　欧洲传统建筑徒手表现

图 5–41　西方传统建筑徒手表现（一）

图 5–42　西方传统建筑徒手表现（二）

图 5—43　西方建筑徒手表现

5.4.2　表现类线稿

（图 5—44~ 图 5—72）

图 5—44　建筑徒手表现线稿（一）

图 5–45　建筑徒手表现线稿（二）

图 5–46　建筑徒手表现线稿（三）

图 5-47　建筑徒手表现线稿（四）

图 5-48　建筑徒手表现线稿（五）

图 5–49　建筑徒手表现线稿（六）

图 5–50　建筑徒手表现线稿（七）

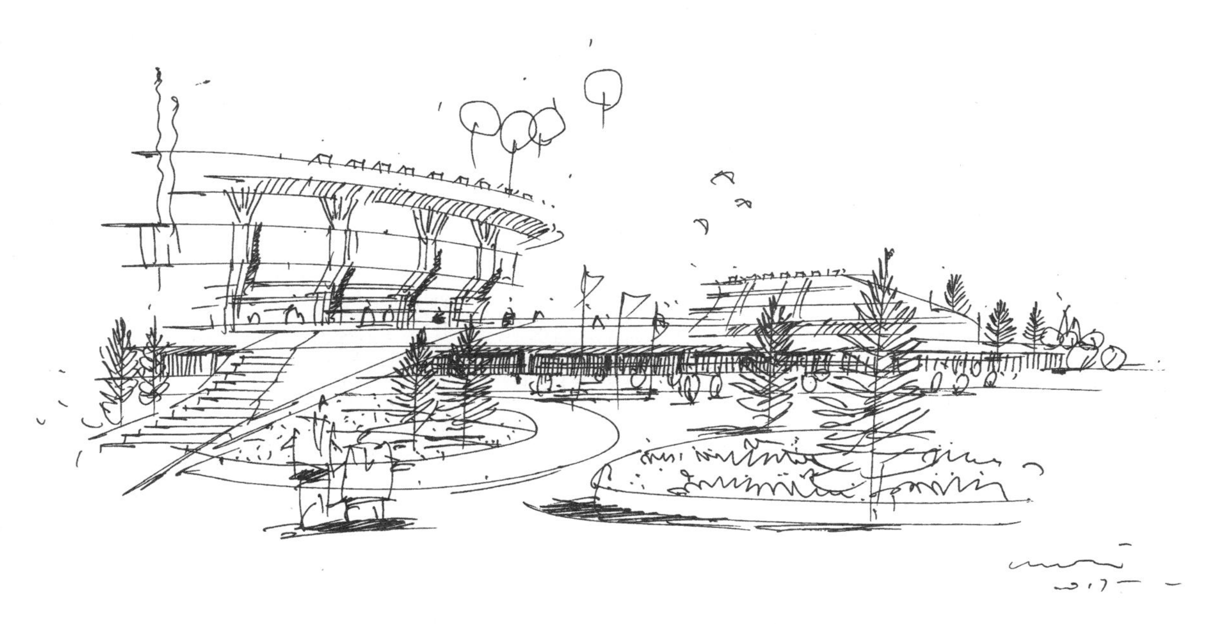

图 5-51　建筑徒手表现线稿（八）

图 5-52　建筑徒手表现线稿（九）

图 5-53　建筑徒手表现线稿（十）

图 5-54　建筑徒手表现线稿（十一）

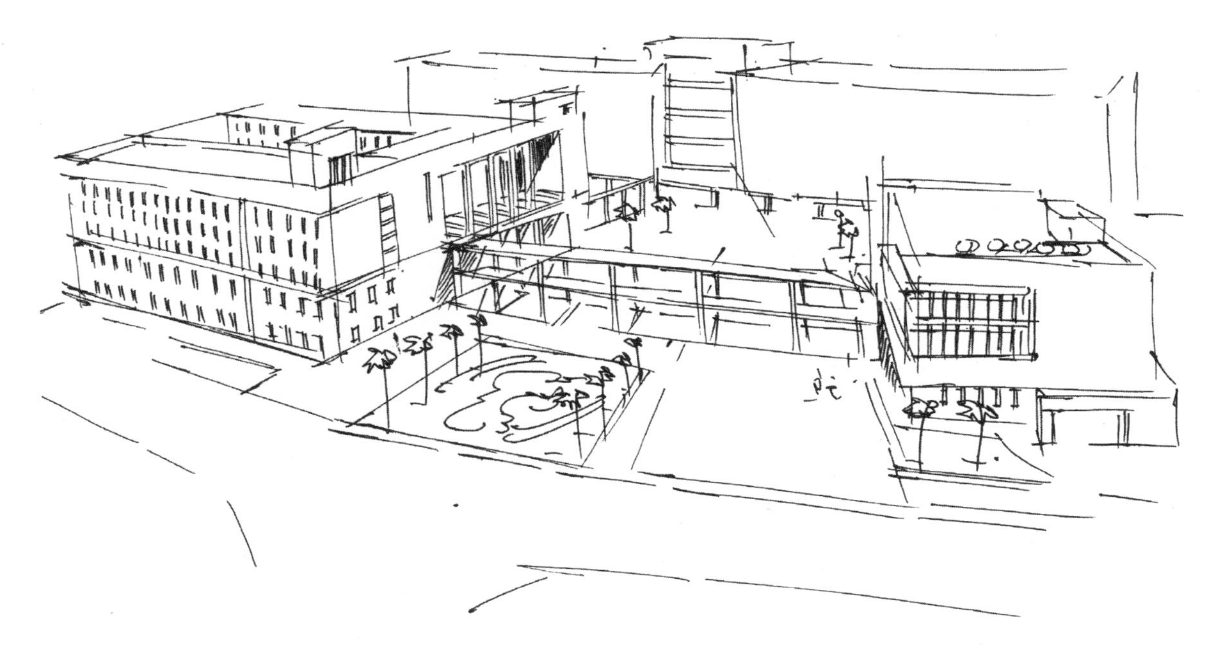

图 5-55　现代建筑徒手表现鸟瞰稿

图 5-56　建筑景观环境徒手表现线稿（一）

图 5–57　建筑景观环境徒手表现线稿（二）

图 5–58　建筑景观环境徒手表现线稿（三）

图 5–59　建筑景观环境徒手表现线稿（四）

图 5–60　建筑景观环境徒手表现线稿（五）

图 5-61　建筑景观环境徒手表现线稿（六）

图 5-62　建筑景观环境徒手表现线稿（七）

图 5–63　建筑景观环境徒手表现线稿（八）

图 5–64　建筑景观环境徒手表现线稿（九）

图 5-65　建筑景观环境徒手表现线稿（十）

图 5-66　建筑景观环境徒手表现线稿（十一）

图 5-67　建筑景观环境徒手表现线稿（十二）

图 5-68　建筑景观环境徒手表现线稿（十三）

图 5–69　建筑景观环境徒手表现线稿（十四）

图 5–70　建筑景观环境徒手表现线稿（十五）

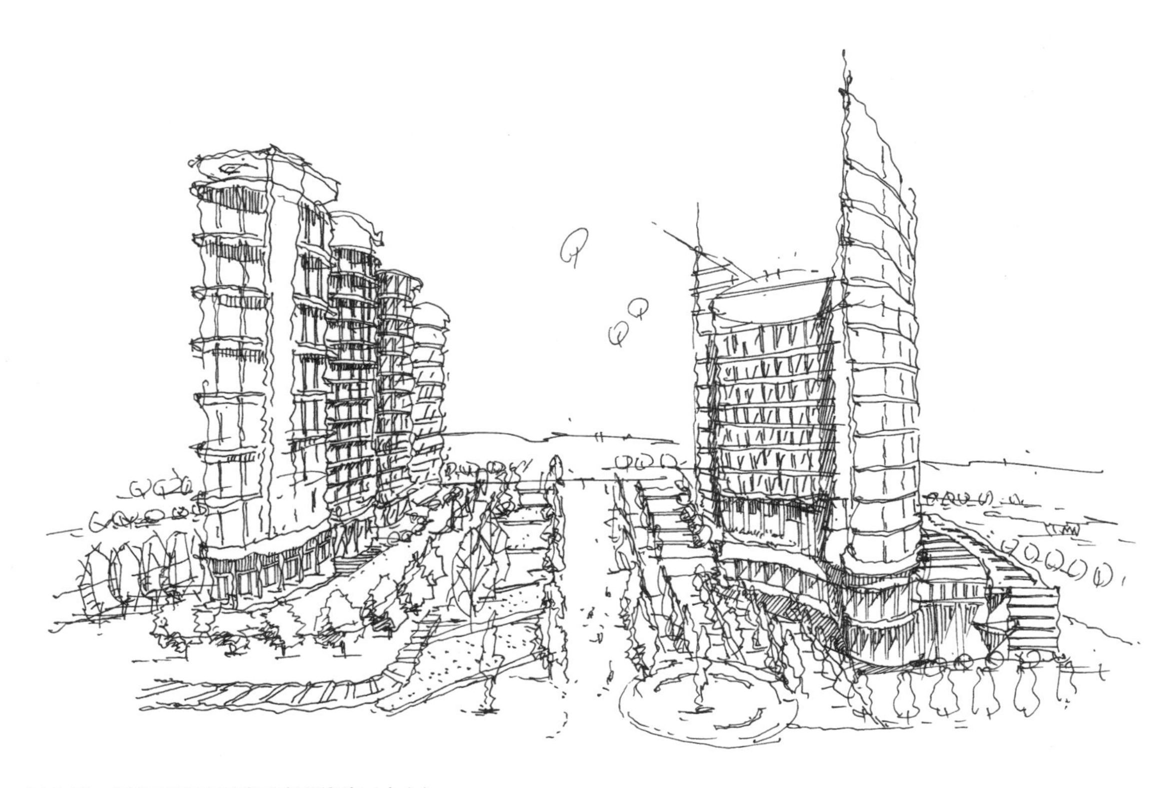

图 5–71　建筑景观环境徒手表现线稿（十六）

图 5–72　建筑景观环境徒手表现线稿（十七）

第 6 章　建筑徒手综合表现

6.1 前沿建筑徒手表现技法综述

建筑手绘表现是设计的必然产物，是传达设计意图、表现建筑环境效果最有效的方式。随着时代的发展和信息技术的飞跃，基于 MAYA、3DMAX、SketchUp 等专业效果图软件的逼真效果，用手绘这种传统的表现手段来表达建筑的最终效果显得越来越单薄。因此，手绘在当下的真正意义是值得我们深思并不断探索的（图 6–1、图 6–2）。

二维码 6–1 前沿建筑徒手表现技法综述

快速创作草图是设计的雏形，是在大脑分析设计的同时结合手绘勾线绘制出的空间场景，记录设计师最有灵性的原始意念，没有过多的细节体现，但是整体饱满，空间关系明确，透视基本准确，效率高，并结合光影表达出最直观的效果。

图 6–1 建筑环境表现电脑效果图（一）

图 6–2 建筑环境表现电脑效果图（二）

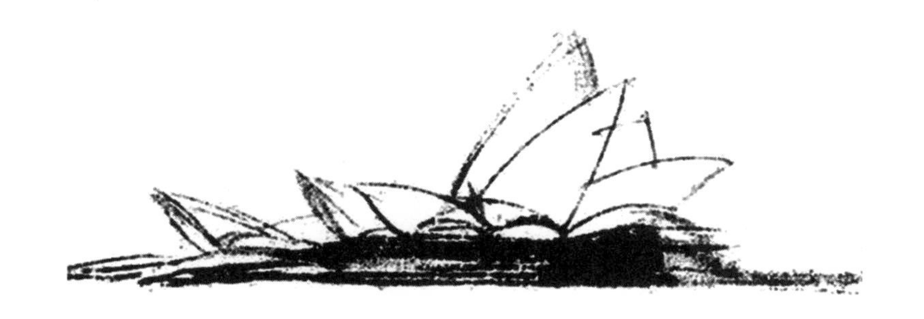

图 6–3　悉尼歌剧院建筑草图

悉尼歌剧院建筑草图（图 6–3）：

长期的反复训练的构思和绘制，对设计方案进行深入推敲，有助于培养对方案的深入分析能力。此外，在设计师比较设计方案和设计效果时，需要通过快速草图记录下来，这是进行设计的便捷方法和必要途径。建筑手绘快速表现在第一时间最直观地表达设计师的想法，从而和别人进行交流，为最终的电脑表现奠定基础。设计方案最终的手绘效果图或者电脑效果图都是从最初构思的草图而来的。建筑手绘快速表现要有一个正确的观念，快速表现不只是为了流畅和帅气好看等外部因素，根本上是为了做出更好的设计。

弗兰克 · 盖里草图（图 6–4）：

图 6–4　弗兰克 · 盖里草图

安藤忠雄建筑手绘草图（图 6–5）：

图 6–5　安藤忠雄建筑手绘草图

马岩松哈尔滨大剧院建筑草图（图 6–6）：

图 6–6　马岩松哈尔滨大剧院建筑草图

课后习题：

1. 在信息化时代，电脑快速表现和手绘快速表现有什么异同？
2. 请思考建筑构思草图和建筑写生表现有什么不同？
3. 在当下，如何将徒手表现和电脑表现有机融合？

6.2 建筑徒手表现综合分析

6.2.1 手绘快速表现基本方法

练习快速手绘最重要的目的有两个：一个是快速，另一个是表达清楚设计重点。每个人的建筑手绘草图都带有个人独特的魅力和特点，有的稳重，有的流畅，有的笔笔有声，有的行云流水。看似同样的一条直线、一个基本形体，不同的人画出来，画面中表现的线条张力、感受程度、饱满与否以及情感色彩都是不同的，或果断直接，或沉稳有力，或古拙质朴，或清新飘逸。明白画面构成的意义，同时还要明确草图的真实意义，快速表现（草图）的概念是快，而不是乱，更不是潦草。线条美观流畅是对草图进一步的要求（图 6–7）。

二维码 6–2　建筑徒手表现综合分析

图 6–7　现代建筑徒手草图

快速表现前期可以尝试快速绘画，临摹是一个好的途径，临摹建筑模型空间或者真实空间场景，用这种训练方法来熟练快速地进行空间绘制，体会建筑形体的空间组合，同时注意线条的表现效果（图 6–8）。

独立快速手绘创作时，要注意草图所要表达的重要内容。

（1）意在笔先，明白徒手表现意图，着重手绘画面的核心部分。

（2）设计经营构图，明确透视关系。

（3）从建筑主体开始切入，描绘建筑形体和空间。

（4）配景合理组织，简洁明了，注重形体的概括，烘托重要的设计部分。

（5）线条流畅，疏密有致，利用黑白灰的关系来营造画面的空间感（图 6–9）。

图 6–8　建筑小品徒手草图

图 6–9　现代建筑徒手表现

6.2.2 建筑快题手绘表现

一、建筑快题设计的含义与应用

建筑快题设计是指设计的原形构思，是设计最初的形态化描述。快题设计表现出原创性、灵感性、多样性和不确定性。

建筑快题手绘表现是在较短的时间内较全面，且能快速地表达建筑设计意图的一种重要方式。建筑快题手绘表现与一般的手绘表现在内容上是有所区别的，一般的手绘训练注重表现形式和技法的训练，而快题设计更注重构思和创意。快题设计一般是有设计命题的，在有限的时间内完成命题的构思与表达，不仅仅是对设计形态的原创速记，还要对其空间结构等要素进行分析记录。因此，快题设计可以是空间形态设计的创作草图，也可以加入平面、立面、文字综述来诠释和说明。

建筑快题手绘表现在手绘中起到了至关重要的作用，全国硕士研究生考试、全国注册建筑师考试以及多数大型建筑设计院的招聘考试中，建筑手绘快题表现仍然是必不可少的科目，快题手绘表现的作用可见一斑。快题设计作为建筑和环境类考试的必考科目之一，又是专业基础课程，对培养和提高学生的创造力和表现力起着重要作用。同时，快题设计是各门专业课程学习时必须掌握的交流语言、设计语言。所以被应用于各类升学考试的科目当中，以考量学生的创意思维、应变能力、审美修养、空间创造等各方面的综合能力（图 6–10、图 6–11）。

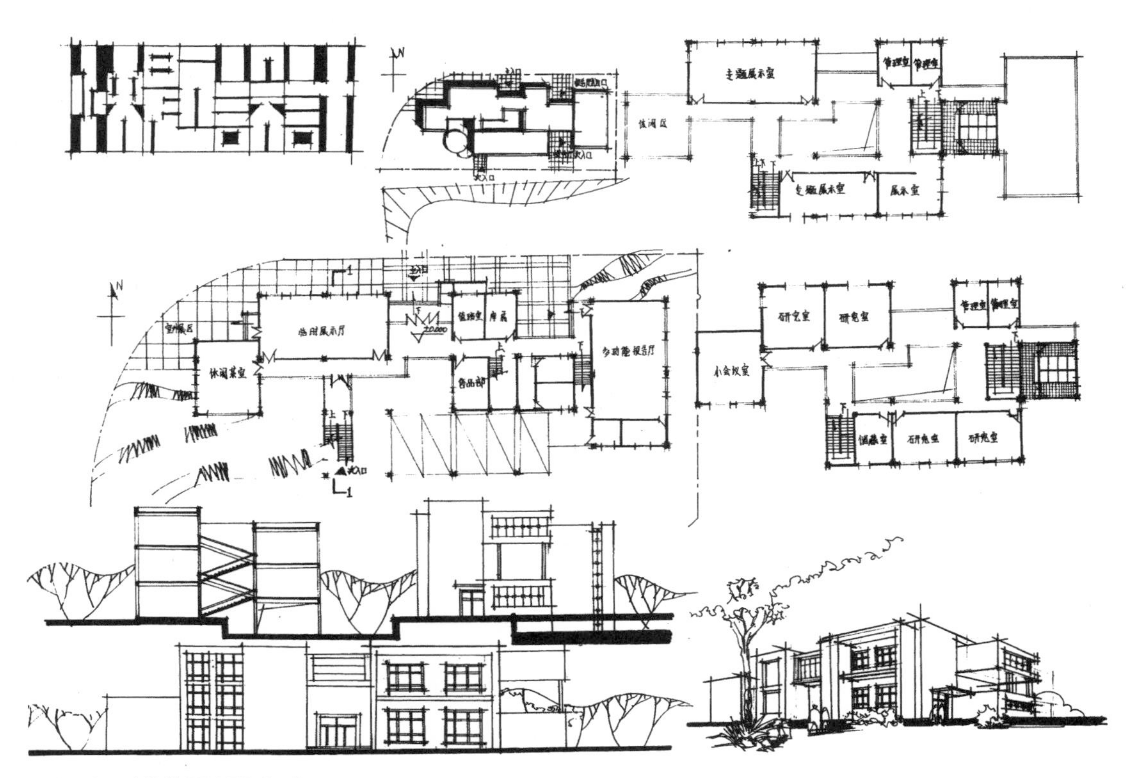

图 6–10　建筑快题表现（一）

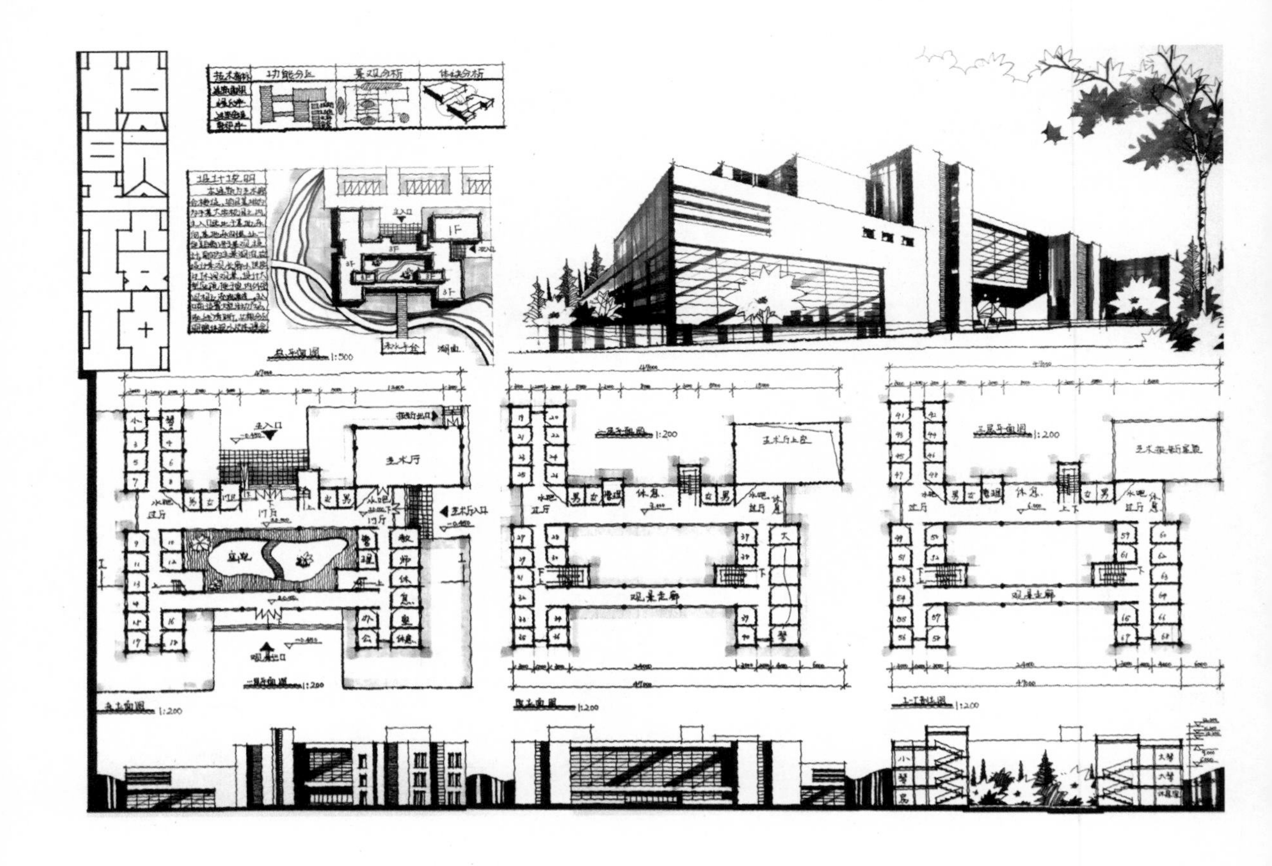

图 6-11　建筑快题表现（二）

二、快题设计的基础要求及表现内容

1. 基础要求

建筑设计理论基础，是对建筑设计的基本理论、基本要求和基本方法的总体概述，同时也是设计思想来源的重要理论依据，所以各建筑和设计类院校要求掌握良好的设计基础和设计理论，这其中包括平面构成、色彩构成、立体构成、中外建筑史、美学、人体工程学、建筑材料和装饰材料、环境心理学等一系列与设计相关的基础理论知识，通过这些理论知识的学习与掌握，可以很好地与设计思想相结合，形成功能布局合理、满足审美需求的设计方案（图 6-12、图 6-13）。

2. 建筑手绘快题基础

■ 平面图

一个建筑设计的表现首先要看它的平面布置图。从平面上分析出设计内涵。当方案成熟后还要看立面、剖面、效果图等图示来理解设计。平面图是建筑设计图中最重要的部分，包括空间布局、场地的功能划分、结构分析、节点、功能形式等设计要素，都可以在平面图上反映出来。设计师在绘制平面图的时候应该头脑清晰，突出设计意图，绘制合理的线宽、比例尺寸、功能样式、设计风格、指北针等，最后再加以重要局部塑造和添加阴影，将效果清晰地呈现出来。任何设计都是以解决功能组织问题为前提的，一个好的平面图可以一目

图 6–12 《中国建筑史》（左）
图 6–13 建筑装饰材料书籍（右）

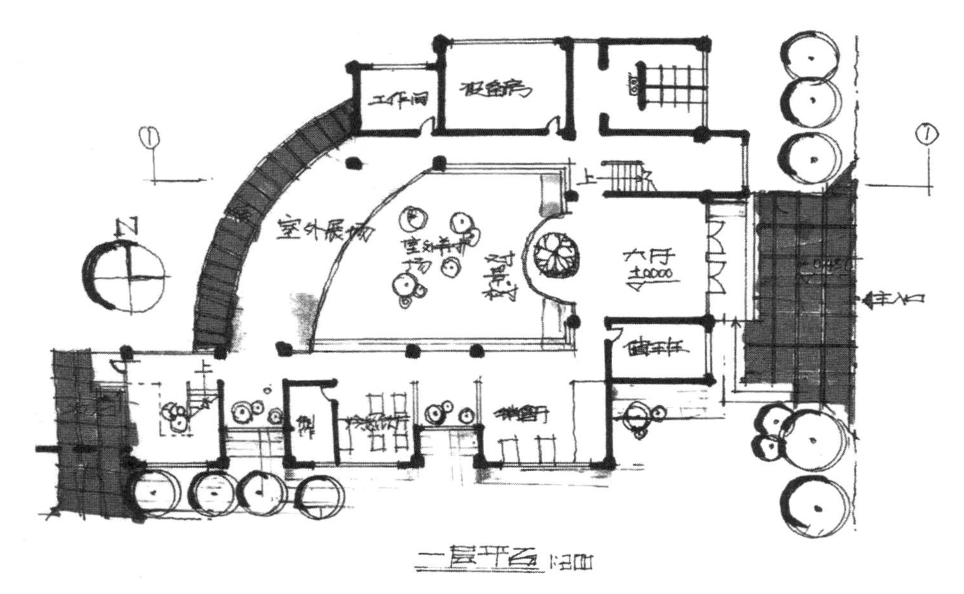

图 6–14 建筑平面手绘图（一）

了然地将设计方案的整体空间关系表现出来（图 6–14）。

建筑平面图的元素表现要选用恰当的图例。平面图最主要的就是划分空间功能，并且层次感要分明，有立体感、整体感、统一感。图中重要场地和元素的绘制要相对细致，而一般元素可以简单绘制，以烘托重点，且节约时间。良好的设计配合表现恰当的平面，总会赢得设计的成功（图 6–15）。

■ 立面图

在与建筑物立面平行的铅垂投影面上所做的投影图称为建筑立面图，简称立面图。反映主要出入口或比较显著地反映出房屋外貌特征的那一面立面图，

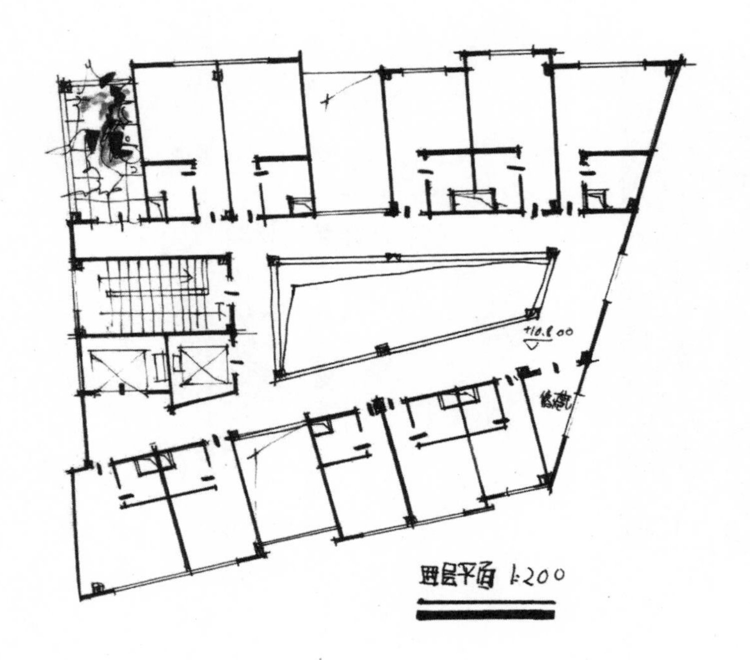

图 6–15　建筑平面手绘图（二）

称为正立面图。其余的立面图相应称为背立面图、侧立面图。立面图可以很好地表现建筑的各个面的空间特征、大小等因素。

建筑立面应结合环境设计、建筑体量、平面关系、剖面限定等条件，放在方案整体之中进行研究，要避免僵化的思维，不要盲目地追求"新""奇""怪"，同时注意形式和功能的结合。建筑立面要体现时代精神，才能体现设计者对建筑的概念理解和修养，防止把极端的美学概念生搬硬套在建筑立面上（图 6–16）。

图 6–16　建筑立面示意图

■ 剖面图

剖面图，指的是假设用一个铅垂剖切面将建筑和环境剖开得到的投影图。剖面图可以表示建筑和环境内部的结构、层次、材料及其高度等关系，是与平、立面图相互配合的不可缺少的重要图式。手绘剖面图的绘制应全面地表达出建筑的内部关系，利用高差表达出建筑与环境的空间关系，同时应注意徒手表达建筑环境的层次及疏密的对比（图 6–17）。

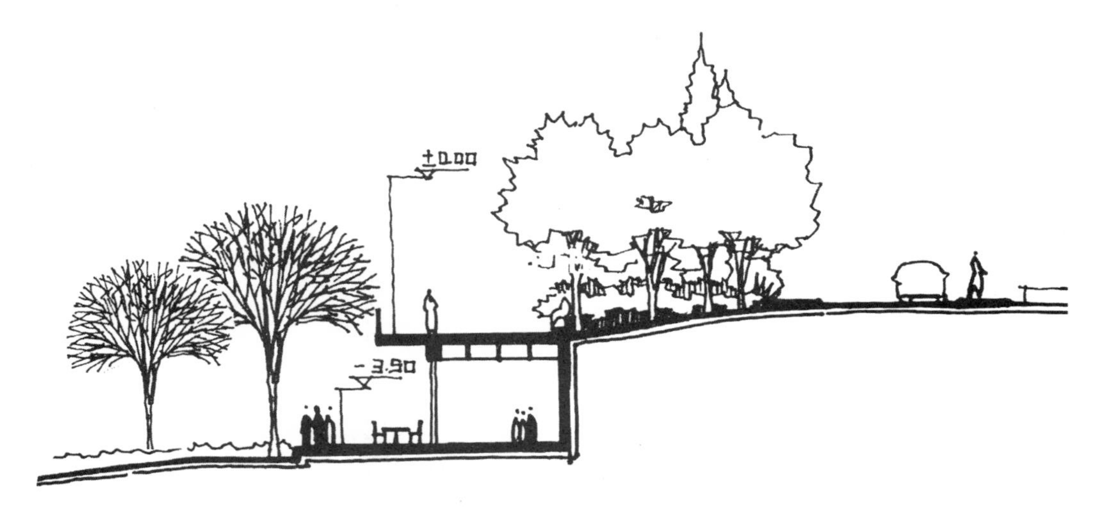

图 6-17　建筑环境徒手表现剖面图

■ 透视图

透视图顾名思义就是遵循建筑透视原理进行手绘和表现的效果图，一般是根据平面图、立面图绘制而成的，其成像原理与人的眼睛或摄像机的镜头原理相同，具有近大远小的距离感。透视图能够把建筑空间环境正确地反映到画面上（图 6-18、图 6-19）。

3. 快题设计的表现内容

设计主题：根据所给的设计题目和设计要求进行功能和形体的创意。

设计说明：说明建筑设计的整体思路和设计理念，语言准确简练。

平面图：空间功能分区、陈设布置、适当的绿化植被、地面铺装、图纸名称和比例、标注、材料标注等。

图 6-18　建筑手绘透视图（一）

图 6–19　建筑手绘透视图（二）

立面图：建筑外立面造型处理、建筑材料的示意、标高、尺寸标注、图纸名称及比例。

案例如图 6–20~ 图 6–22 所示。

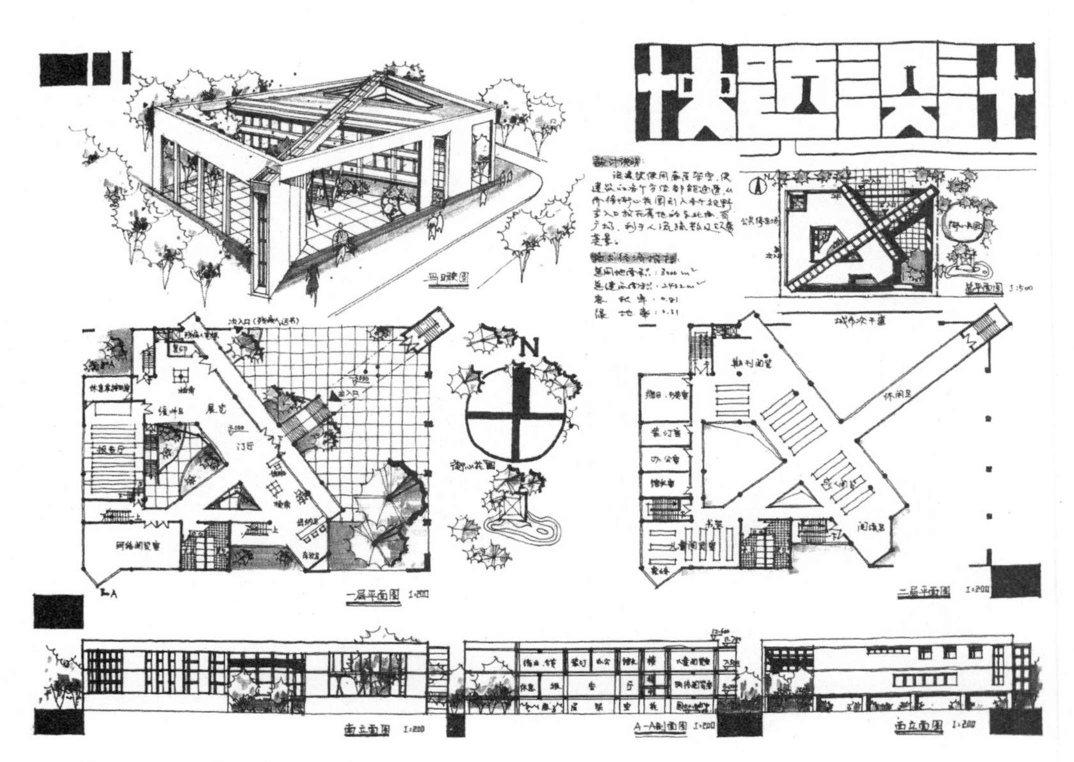

图 6–20　建筑手绘快题表现（一）

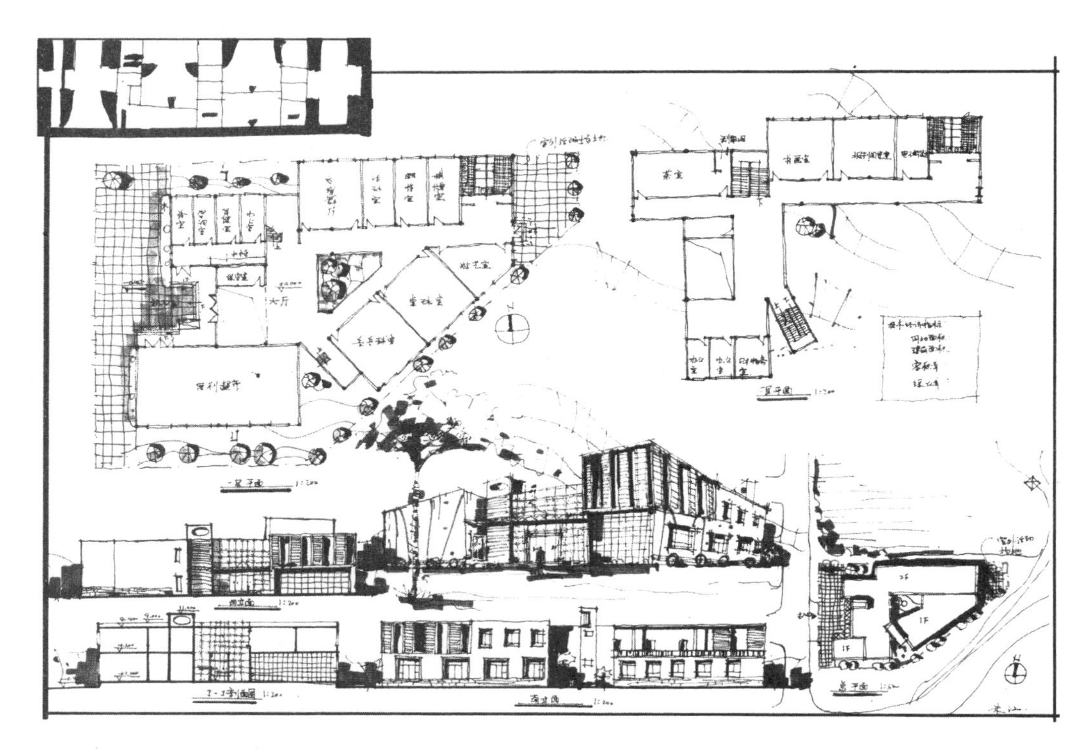

图 6–21　建筑手绘快题表现（二）

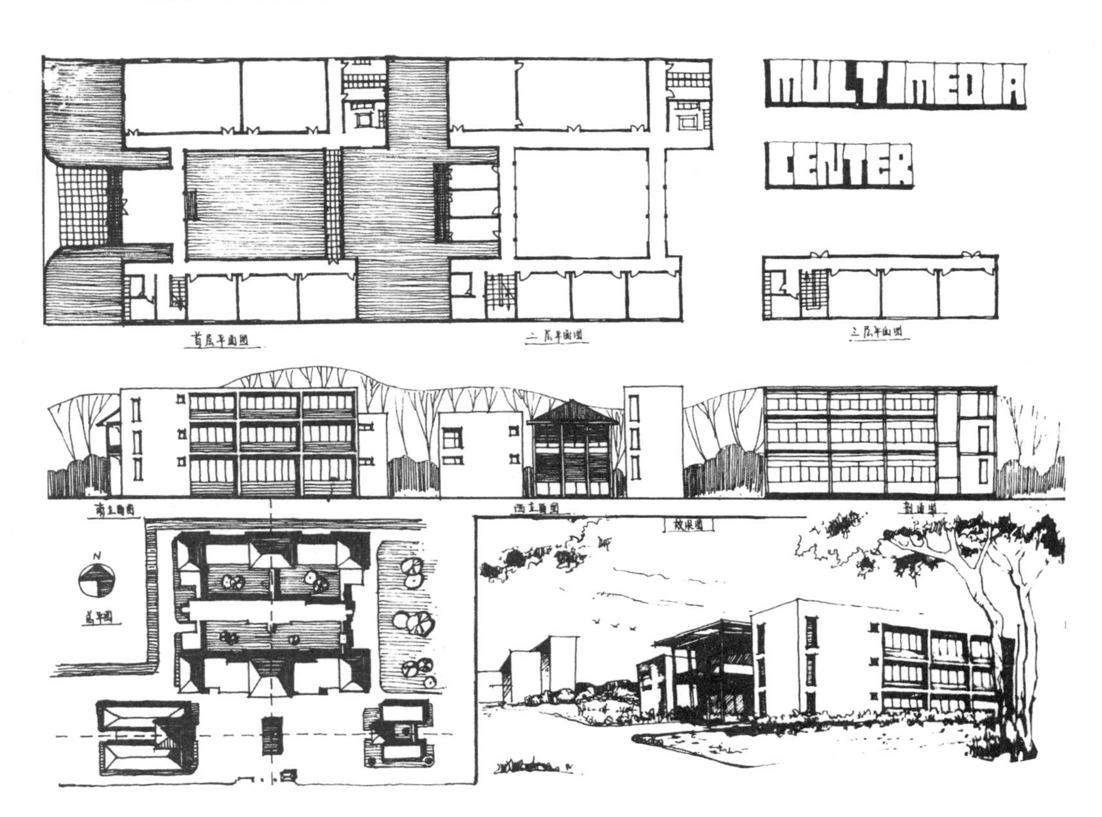

图 6–22　建筑手绘快题表现（三）

课后练习：

1. 思考为何大型建筑设计院和硕士研究生考试等都采用快题表现的形式选拔人才？

2. 快题表现包括哪些形式内容？

3. 临习 A3 尺寸以上建筑快题表现作品 2~3 幅。

6.3 建筑空间综合表现

二维码 6–3 建筑空间综合表现

6.3.1 建筑场景表现的基本方法（图 6–23~ 图 6–27）

建筑场景的表现是至关重要的，场景的要素很多，有建筑、植物、道路、构筑物、人物等，是体现建筑和环境的综合体。独自完成建筑场景手绘作品时，要注意建筑场景手绘所要表达的内容。

（1）根据立意，着重绘制画面的核心部分，也是建筑场景的主要部分和构件。

（2）建筑草图和建筑设计较好地结合。

（3）建筑主景和配景合理组织，烘托重要的建筑部分。

（4）线条疏密有致，以线为主，点线面结合，利用黑白灰的关系来营造建筑空间感。

图 6–23 建筑场景徒手表现（一）

图 6-24　建筑场景徒手表现（二）

图 6-25　建筑场景徒手表现（三）

图 6–26　建筑场景徒手表现（四）

图 6–27　建筑场景徒手表现（五）

6.3.2 建筑场景快速表现综合分析

在建筑设计的过程中，前期对空间草图构思能很好地表现空间的概念设计，这有助于设计师对方案进行推敲、细致的深化，同时也可以迅速快捷地展示给团队和甲方设计成果。在训练建筑场景手绘的时候，不仅仅要注意建筑的构成关系和尺度，还要能迅速地勾画出配景。绘制的有张力的线条会进一步增强画面的表现力，同时注意画面构图，刻画内容从中心向四周细致程度逐渐地递减，具有空间层次感（图 6–28、图 6–29）。

建筑设计徒手表现主要从画面的立意、构图、空间的进深和建筑表现四个方面来深化。

图 6–28 线条与空间

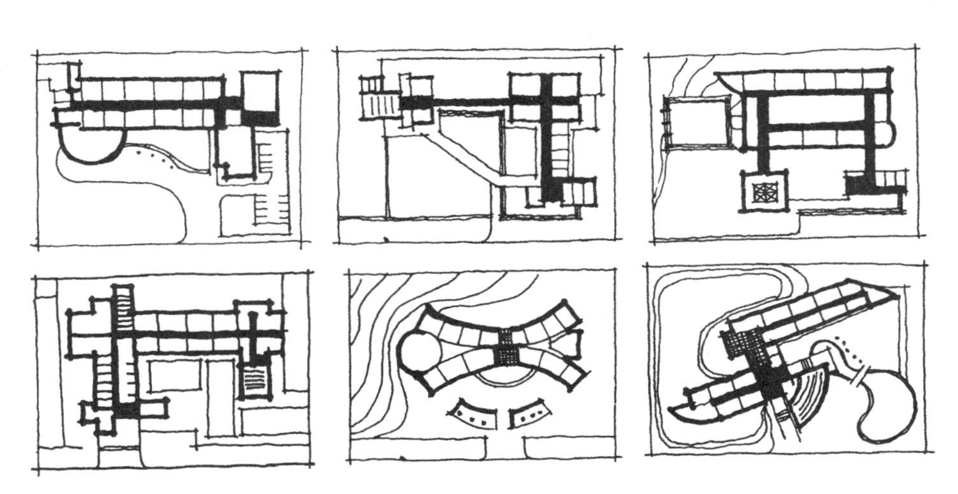

图 6–29 建筑平面设计草图

建筑设计方案设计前期，结合平面图绘制的概念草图用于前期汇报概念展示，所以，此时的草图空间能概念地展示出场景宏观上的内容和气氛即可。建筑草图绘制的时候，一般采用简洁的线条去处理，由于植物等配景的介入，使得画面技法表现难度增加，因此在表现植物等配景的时候，线条尽可能的简洁明了，以突出配景的烘托作用即可（图 6–30~ 图 6–33）。

图 6–30　建筑空间概念徒手草图（一）

图 6–31　建筑空间概念徒手草图（二）

图 6–32　建筑空间概念徒手草图（三）

图 6–33　建筑空间概念徒手草图（四）

6.3.3 建筑徒手表现综合分析

建筑的快速表现不仅仅是高效的，而且在表达的时候也是相当放松的。它没有固定的表现样式，也不用太在意绘制时候的状态和要求，一切都是快速推进、逐步丰富的，可以随机出现多种形式。在这个过程中，一切的想法和设计思维会随着草图快速绘制而变得更有趣和更丰富，更加不可思议，更加出乎意料，这样的构思创作训练会一步步增强设计师对方案概念设计的敏感度。

在快速表现的时候，对于线条的绘制，应因地制宜。比如画较短的线条时，直线很好把握。而画较长的线条时，一气呵成地画笔直的线条就比较困难，效果也比较死板，所以一般用颤线来表达，但是首尾相接要果断有力，才能明确它的转折和结构关系。因此，一幅快速表现图应该是曲直结合。灵活组织线条，才会发现一直困扰的线条表现就没那么难了，同时，随性的线条也会引发出新的思路，增强建筑设计方案的创造性。

流畅的线条组织会使画面空间更加精彩，注意从画面中心向四周形成由密到疏、由丰富到简练的变化效果，同时地面的线条排列组织会让画面显得更加沉稳。快速表现阶段的空间的概括和重要元素的提取，会让空间感更加强烈，便于设计思维的进一步发散（图 6–34~ 图 6–36）。

图 6–34　建筑手绘徒手表现图

图 6–35　建筑快速徒手手绘图

图 6–36　现代建筑徒手概念表现

结合建筑的各种结构形式进行空间构思的训练，然后总结记录，便于在创作的时候可以加速建立空间架构和快速形成想法，同时还需进一步对空间的形体有创新思维、发散思维和突破思维。例如在完成主体形体塑造的同时，还需要考虑周围空间要素的衬托效果，在画面中快速地处理好配景空间表现，这样才能完整地完成一张快速表现手绘效果图（图 6–37、图 6–38）。

为了凸显空间透视的表达，勾勒线条的时候应注重加强透视感，以深化表达建筑的气势，使整个画面表现更有张力。建筑手绘快速表现应注意以下几点。

（1）建筑体块重要的结构线勾勒时线条应该流畅清晰，线条相接的时候应有交叉和停顿，果断有力。

（2）建筑门窗、材质线、阴影线勾勒的时候可以微微放松，力度不超过结构线。

图 6–37　现代建筑快速徒手表现

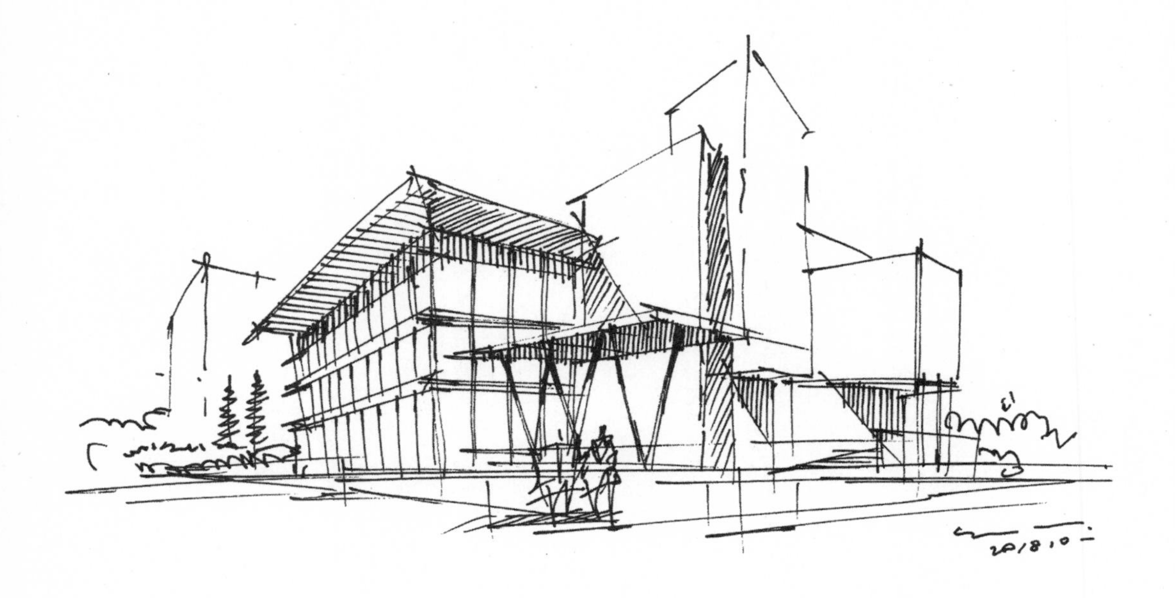

图 6–38　现代建筑徒手概念表现

（3）强化主体的描绘，简化配景，对于配景只需勾勒线条或者主干即可，远景的线条要放松，以此衬托画面的主体。

（4）突出空间关系，明确画面中前中后的层次关系，主次协调。

案例如图 6–39 ~ 图 6–42 所示。

图 6–39　建筑环境手绘快速表现

课后练习：

1. 完成建筑快速表现作品 3~5 幅。
2. 思考建筑快速作品中的构成元素有哪些？

图 6-40 建筑环境快速徒手表现稿

图 6-41 建筑景观快速徒手表现稿

图 6-42 建筑概念快速手绘线稿

6.4 建筑写生与临摹

建筑写生将有利于形成对事物观察与思考的敏锐性和洞察力，从而有效提升造型能力。手绘的前提是先学会看，不是看热闹的看，是"洞明"，"世间洞明皆学问，人情练达即文章"，看与观察、洞察、洞明有联系，又有认知层级的极大差异。建筑写生还可以锻炼建筑设计师敏锐的空间想象力和形象思维能力，同时是养成感性、随意性与自发性相结合的图示思维方式的有效途径。

二维码 6–4　建筑写生与临摹

日常的临摹、写生、涂鸦等手绘过程有助于培养设计师基本素质与建筑美感，并揭示视觉思考的实质，融合精神与知觉，提升对造型的评价力、鉴赏力。手绘写生具有快速记录与表达功能，更重要的是手绘能提升设计者自身的艺术修养；随手勾画的快速表现可以为设计师汇聚很多灵感。因为创作是通过手和脑共同运作来完成的，因此这种方式能够提高思维的效率，促进突发性、突破性、有效性的瞬间灵感产生。

6.4.1 中式传统建筑徒手表现（图 6–43~ 图 6–51）

图 6–43　苗族传统建筑徒手表现（一）

图 6–44　苗族传统建筑徒手表现（二）

图 6–45　苗族传统建筑徒手表现（三）

图 6–46　纳西族传统建筑徒手表现

图 6–47　传统建筑徒手表现（一）

图 6–48　传统建筑徒手表现（二）

图 6–49　传统建筑徒手表现（三）

图 6–50　传统建筑手绘表现（四）

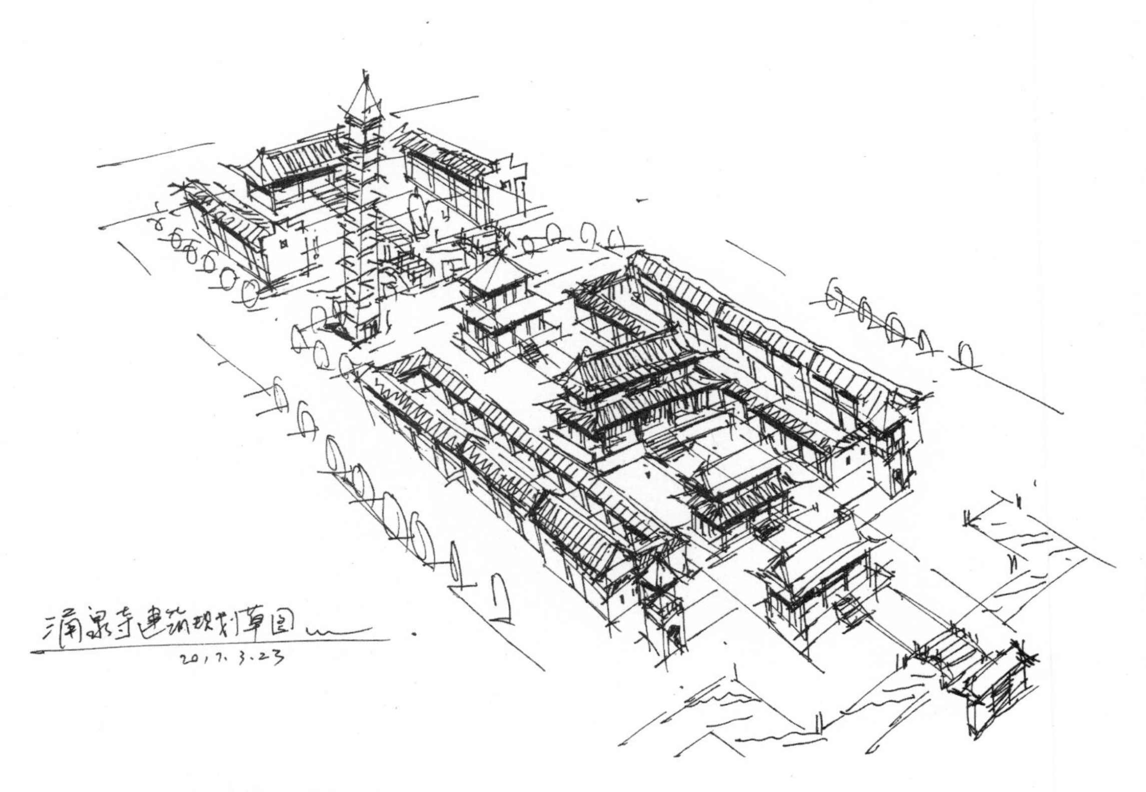

图 6–51　传统寺庙建筑快速表现鸟瞰图

6.4.2 欧式传统建筑徒手手绘线稿（图 6–52~ 图 6–63）

图 6–52　西班牙马德里普拉多美术馆建筑徒手表现

图 6–53　罗马传统建筑徒手手绘线稿

图 6–54　法国传统建筑徒手表现

图 6–55　欧式酒店传统建筑徒手表现线稿

图 6–56　欧式传统建筑徒手手绘线稿（一）

图 6–57　欧式传统建筑徒手手绘线稿（二）

图 6–58　欧式传统建筑徒手手绘线稿（三）

图 6–59　欧式传统建筑徒手手绘线稿（四）

图 6-60　欧式传统建筑徒手手绘线稿（五）

图 6-61　北欧街道建筑徒手表现

图 6–62　欧式建筑徒手手绘线稿

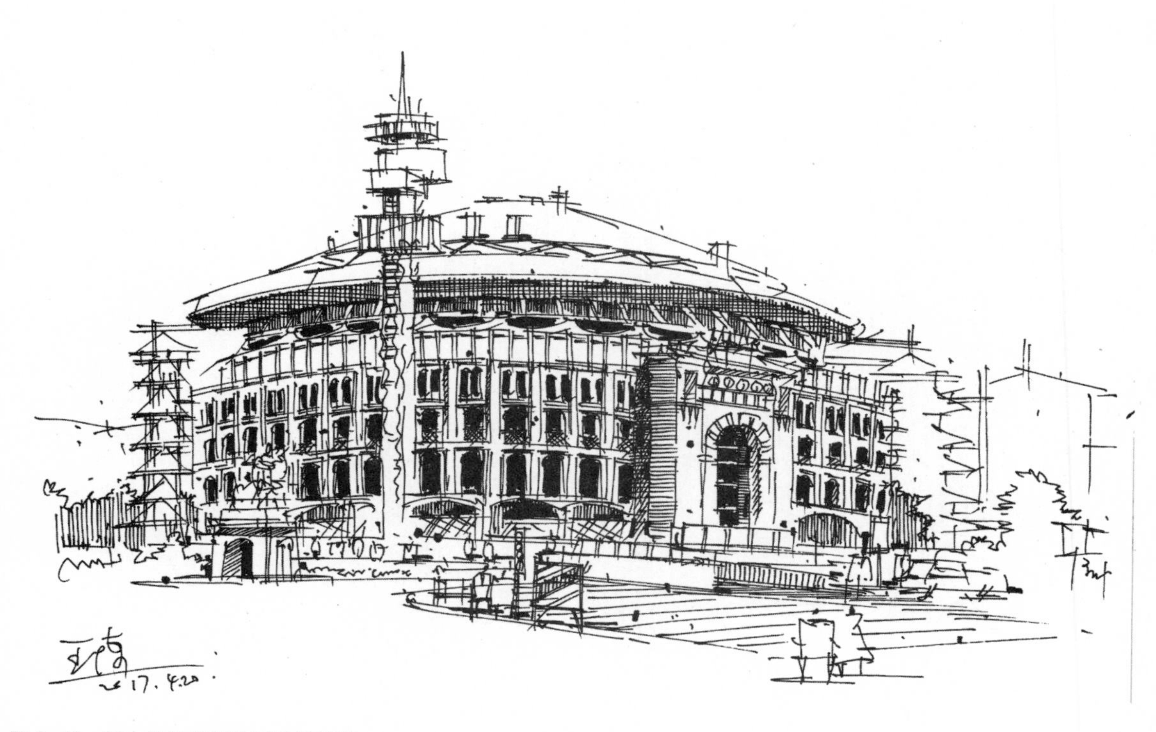

图 6–63　西方传统建筑徒手手绘线稿

6.4.3 现代建筑快速徒手表现（图 6–64~ 图 6–72）

图 6–64　现代建筑徒手手绘表现（一）

图 6–65　现代建筑徒手手绘表现（二）

图 6-66　现代建筑徒手手绘表现（三）

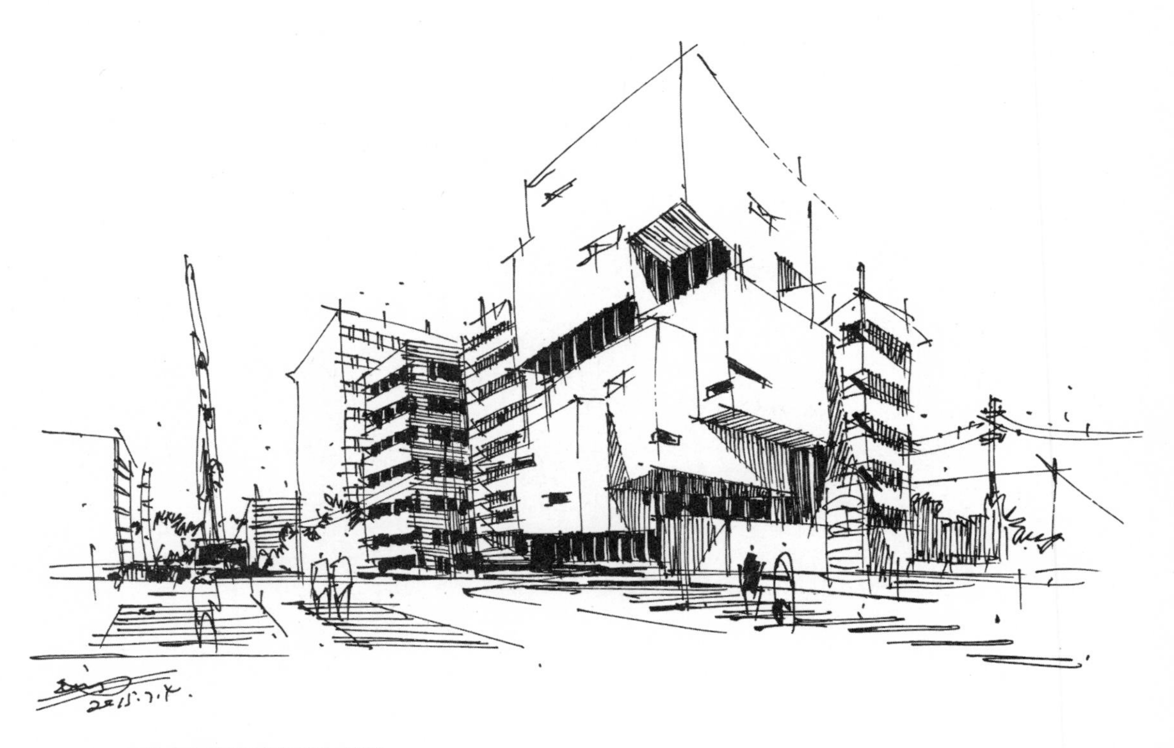

图 6-67　现代建筑徒手手绘表现（四）

图 6–68　现代建筑徒手手绘表现（五）

图 6–69　现代建筑徒手手绘表现（六）

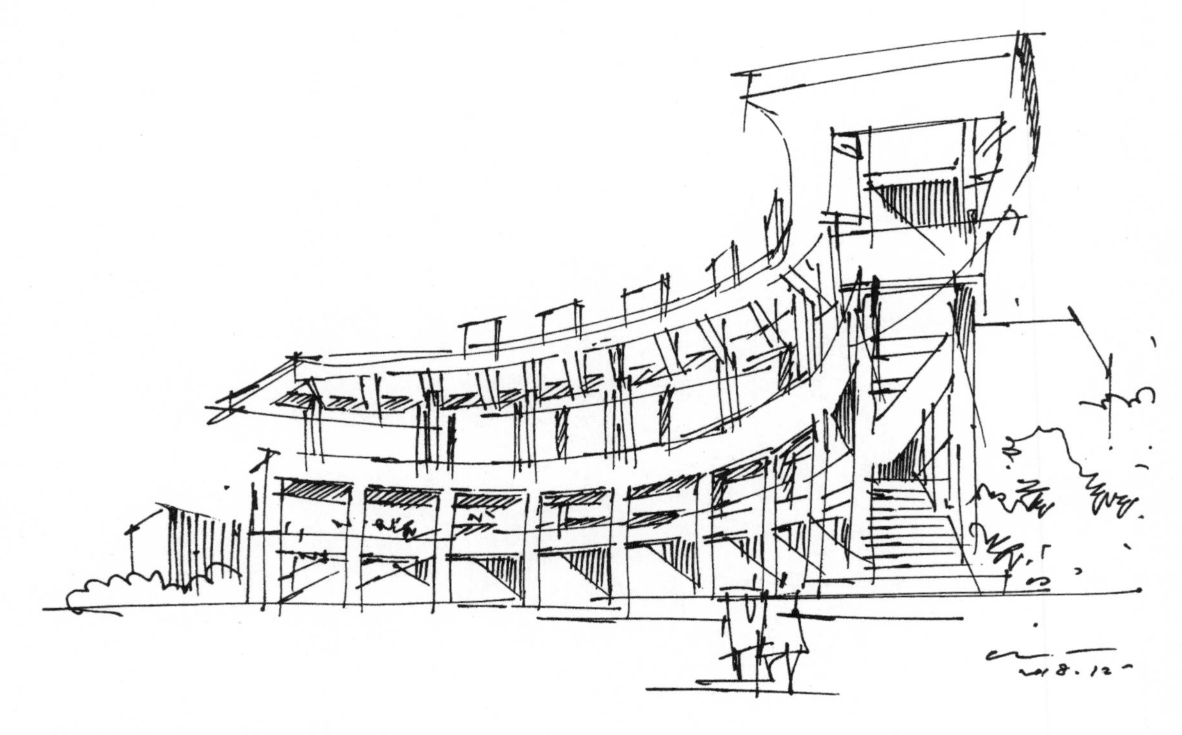

图 6–70　现代建筑徒手手绘表现（七）

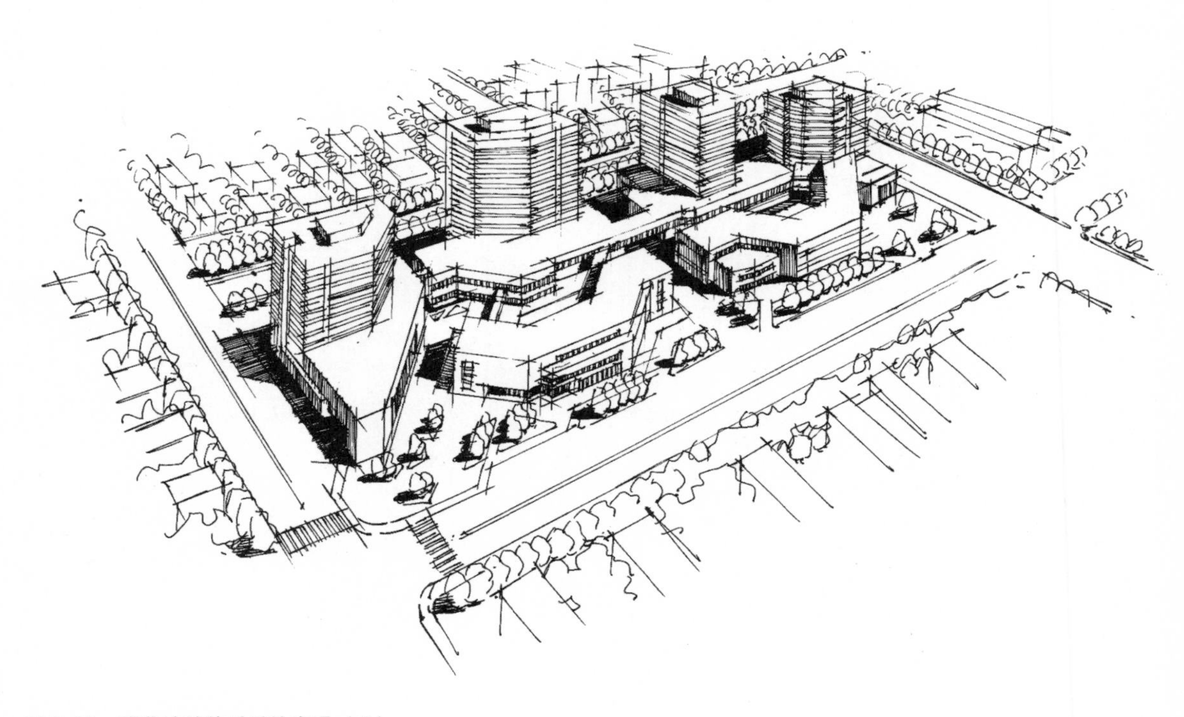

图 6–71　现代建筑徒手手绘表现（八）

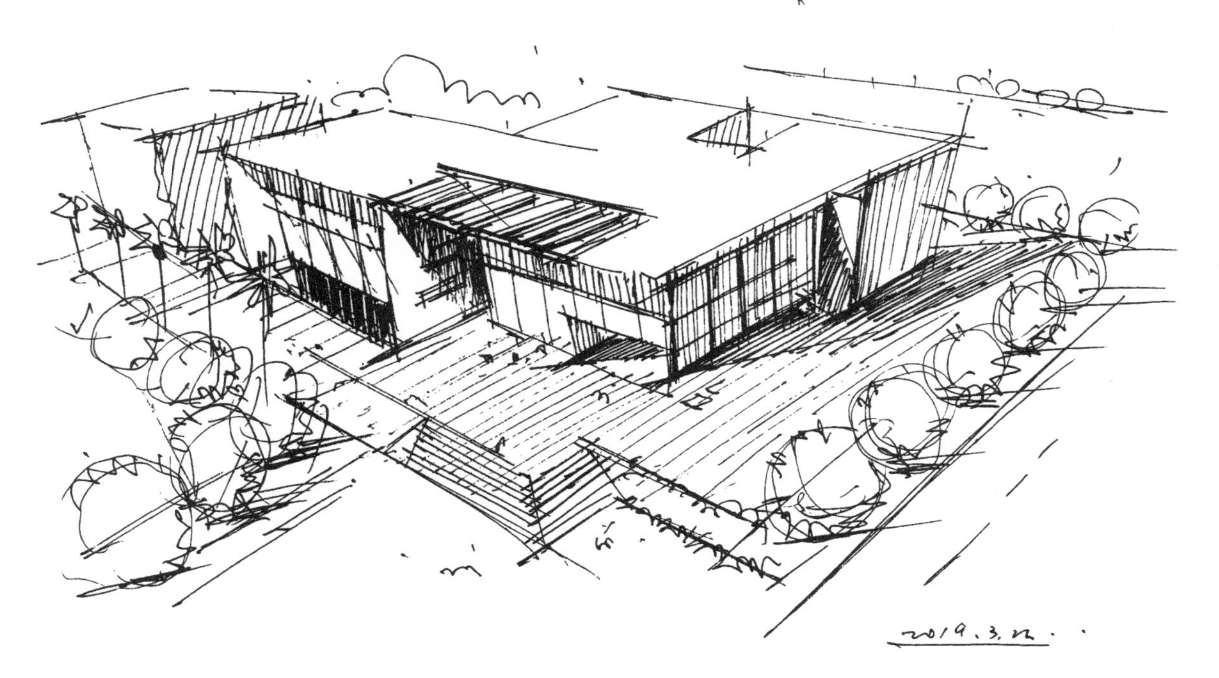

图 6–72 现代建筑徒手手绘表现（九）

课后练习：

1. 思考传统建筑与现代建筑在表现时有哪些不同？
2. 临摹本节示范图例作品 8~10 幅。
3. 思考建筑写生与建筑构思手稿之间的逻辑关系。

参考文献

[1] James Richards（詹姆斯·理查兹）. 手绘与发现：设计师的城市速写和概念图指南 [M]. 程玺，译 . 北京：电子工业出版社，2014.
[2] 孙述虎 . 景观设计手绘：草图与细节 [M]. 南京：江苏人民出版社，2013.
[3] 陈志，张光辉 . 建筑快题设计与表达 [M]. 北京：中国林业出版社，2014.
[4] 李磊 . 印象手绘：室内设计手绘教程 [M]. 北京：人民邮电出版社，2014.
[5] 钟训正 . 建筑画环境表现与技法 [M]. 北京：中国建筑工业出版社，1985.

后 记

近年来我国经济高速发展，建筑行业也顺应了这种发展趋势。国内诸多著名建筑拔地而起，相继成为各地的标志性建筑或者特色建筑。国内建筑师不论是从设计观念与手法上，空间和材料的使用上，还是设计表现的技巧上都有了长足的进步。

如今，各种计算机软件已经十分的先进和便捷，效果表现不仅仅是二维的真实体现，环境漫游、VR真实虚拟环境让设计师、业主们都感到某种前所未有的快捷体验。而正是这种前卫麻痹了许多年轻的建筑师，他们依赖计算机而丧失了最基本的手绘能力。这对于整个设计行业的发展是不利的。从世界范围内看，设计名家、建筑大师的设计思想、意图大多是通过手绘的方式表达出来，利用快速表达来记录一瞬间的灵感。同时，在设计的过程中，徒手表现是十分有效地推动设计思维不断转化、深入的途径。而计算机在这个阶段则是被动的。徒手表现作为一门艺术，手绘的表现图因表现者的修养、审美取向的不同而呈现出丰富多彩的艺术感染力。这是计算机表现图无法比拟的。

信息化、生态绿色设计是时代的主旋律，人类寄希望于通过设计改善自身的生存条件，并为后代留下一个可持续发展的宜居环境。而目前，以结果为导向的、不注重过程的设计案例频出，不少设计师还在为“经济利益”所困。建筑设计行业不但要重视发展的速度，更重要的是要重视发展的方向和目标。只有方向与目标正确，才能够为广大的设计师创造出更广阔的施展才能的舞台。设计是一个复杂的创作过程，需要设计师具备多种基础技能。设计表现则是设计过程中的重要环节，其能力的优劣直接影响设计思维的转化是否合理，设计成果的表达是否准确。

《建筑徒手表现技法》一书是通过对行业手绘的前景分析得出的，通过徒手表现这种纯粹和直接的方式来进行。书中对建筑徒手表现的各个环节有针对性地进行了解读、分析，同时提供了大量的徒手表现作品。建筑手绘表现这一类表现技法书籍已经出版了许多版本，利用钢笔、彩色和马克笔等工具进行技法的解读，《建筑徒手表现技法》却另辟蹊径，保留了徒手表现这种原始的、纯粹的和最直接的方法，这是十分必要的，也是十分迫切的。同时强调设计手绘表现与思维之间的互动关系，将手绘表现提升到一个新的层面，将其与设计思维的培养和徒手手绘训练结合在一起来研究、讨论。这将有助于广大青年学子在新时代下，建立学习建筑设计的系统性和认识手绘的完整性、前沿性。